地面数字摄影天文精确定位定向关键技术

Key Technology of Precise Astronomical Positioning and Orientation Based on Terrestrial Digital Photography

周召发　张志利　刘先一　等著

国防工業出版社

·北京·

图书在版编目(CIP)数据

地面数字摄影天文精确定位定向关键技术/周召发等著.—北京:国防工业出版社,2022.4

ISBN 978-7-118-12470-5

Ⅰ.①地… Ⅱ.①周… Ⅲ.①地面摄影仪-天文定位 Ⅳ.①TH761.7

中国版本图书馆CIP数据核字(2022)第054918号

※

国防工業出版社出版发行

(北京市海淀区紫竹院南路23号 邮政编码100048)

三河市腾飞印务有限公司印刷

新华书店经售

*

开本 710×1000 1/16 **印张** 10¾ **字数** 179千字

2022年4月第1版第1次印刷 **印数** 1—1500册 **定价** 58.00元

国防书店:(010)88540777 书店传真:(010)88540776

发行业务:(010)88540717 发行传真:(010)88540762

致 读 者

本书由中央军委装备发展部**国防科技图书出版基金**资助出版。

为了促进国防科技和武器装备发展,加强社会主义物质文明和精神文明建设,培养优秀科技人才,确保国防科技优秀图书的出版,原国防科工委于1988年初决定每年拨出专款,设立国防科技图书出版基金,成立评审委员会,扶持、审定出版国防科技优秀图书。这是一项具有深远意义的创举。

国防科技图书出版基金资助的对象是:

1. 在国防科学技术领域中,学术水平高,内容有创见,在学科上居领先地位的基础科学理论图书;在工程技术理论方面有突破的应用科学专著。

2. 学术思想新颖,内容具体、实用,对国防科技和武器装备发展具有较大推动作用的专著;密切结合国防现代化和武器装备现代化需要的高新技术内容的专著。

3. 有重要发展前景和有重大开拓使用价值,密切结合国防现代化和武器装备现代化需要的新工艺、新材料内容的专著。

4. 填补目前我国科技领域空白并具有军事应用前景的薄弱学科和边缘学科的科技图书。

国防科技图书出版基金评审委员会在中央军委装备发展部的领导下开展工作,负责掌握出版基金的使用方向,评审受理的图书选题,决定资助的图书选题和资助金额,以及决定中断或取消资助等。经评审给予资助的图书,由中央军委装备发展部国防工业出版社出版发行。

国防科技和武器装备发展已经取得了举世瞩目的成就,国防科技图书承担着记载和弘扬这些成就,积累和传播科技知识的使命。开展好评审工作,使有限的基金发挥出巨大的效能,需要不断摸索、认真总结和及时改进,更需要国防科技和武器装备建设战线广大科技工作者、专家、教授,以及社会各界朋友的热情支持。

让我们携起手来,为祖国昌盛、科技腾飞、出版繁荣而共同奋斗!

国防科技图书出版基金

评审委员会

国防科技图书出版基金
2019 年度评审委员会组成人员

前　言

自从近代远洋航行出现以来，通过天文观测一直是船舶重要的定位定向手段，发展至今，天文观测已成为重要的定位定向技术，应用范围扩展至航空和航天等多个领域。在军事上，卫星等高精密仪器的发射离不开天文坐标；在测绘保障上，天文定位定向对于建立大地控制网，进行大地测量数据归算起着十分重要的作用。天文定位定向之所以经久不衰与其特点有着重要的联系。天文定位定向不依赖于外部信息，只依靠天然信标，具有自主性好、抗干扰能力强、精度和可靠性高等优点。另外，天文定位定向设备由天文测量仪器组成，设备简单，经济成本相对较低。地面数字天文摄影仪就是一种通过拍摄星图进行天文定位定向的高精密仪器，在实际中有着较好的应用。

作者长期从事定位定向技术研究，先后主持参与了数十项科研项目，在工作过程中积累了大量的理论知识和实践经验，对天文定位定向技术也有较深的研究。本书以地面数字天文摄影仪的研究为基础，结合作者近年来主持和参与的多个科研项目，综合各课题研究的成果而集成。本书中的研究成果都是在科学研究实践中完成的，在仪器设备中也得到了相应的应用。

本书共分 7 章，第 1 章论述了天文定位定向技术的发展及其优势，并概述了地面数字天文摄影仪的发展。

第 2 章论述了地面数字天文摄影定位定向系统的组成，介绍了仪器的结构和工作流程，对相关基础知识进行了阐述，主要包括坐标系、时间系统、恒星视位置和天文坐标的解算。

第 3 章对星表简化方法进行了研究，分析了识别阈值，改进了三角形星图识别算法，并提出了一种基于方向矢量的星图识别方法。

第 4 章分析了星图识别时参考恒星的选取范围，对恒星的像点轨迹进行了推导，提出了一种快速星图识别方法，并研究了基于新星筛选的星图识别方法。

第 5 章对恒星星点数据进行了筛选，改进了切平面定位方法，简化了定位解算的过程，建立与分析了倾角修正模型；研究了大倾角状态下基于球面三角形的定位算法。

第 6 章围绕地面数字天文摄影仪定向问题展开研究，提出了基于转换模型与对径位置解算的定向方法。对四参数坐标转换模型进行分析，并与六参数转换模型及非线性模型进行了对比；研究了转台转位误差对定向精度的影响，对转位误差进行了补偿，给出了单位置连续拍摄的方法。

第 7 章进行了误差的建模与补偿，主要包括星点数据误差、仪器参数误差、轴系误差和大气折射等误差，并进行了试验分析。

本书内容反映了作者在该领域的一系列创新思路和解决方法，所有方法及模型的构建均经过严格的数学推导和试验验证。为了确保论述内容的完整性，并易于理解，撰写过程中引用了一些国内外的相关著述，在此谨向原著作者以及为这一领域发展做出贡献的科研人员致以诚挚的敬意！

本书由火箭军工程大学张志利、周召发两位教授负责研究工作的指导把关；张西辉主要参与第 1 章、第 2 章的撰写工作；刘先一主要负责第 3 章、第 4 章、第 5 章的撰写工作；朱文勇主要参与第 6 章的撰写；刘殿剑主要参与第 7 章的撰写。

在本书撰写过程中，冯磊讲师、常振军讲师对本书的内容提出了一些修改意见，在此致以衷心的谢意。课题组的赵军阳副教授、刘殿剑博士给予了无私的支持和帮助，张西辉、朱文勇、杨上、陈河、郝诗文等同志在课题研究和本书校对中也付出了辛勤的努力，在此一并深表谢意！

天文定位定向技术的内容广泛，涉及诸多学科，由于作者水平有限、经验不足，书中不妥之处在所难免，敬请广大读者、同行与专家批评指正。

作　者

2021.07

目　录

Contents

第1章　绪　　论

天文定位定向技术是大地天文测量的重要组成部分，是通过观测恒星、行星等自然信标，根据天体视位置与时间的关系确定测站点天文坐标的一门技术，该技术受其他外部因素的影响较小，并且定位定向的误差不随时间累积。人们很早就知道通过观测天体来确定测站点的位置信息[1]。

通过天文观测进行定位定向的方法在大地天文测量方面有着广泛的应用。近年来，天文定位定向技术得到了长足发展，并逐渐运用到军事和国民经济领域。在军事上，导弹等精密武器发射时，若采用以地球椭球面为基准建立的大地坐标将带来较大的偏差，如果能高精度地测量发射点的天文坐标及垂线偏差，将有力提高武器的打击精度[2-3]。在测绘保障上，位置信息的测量对于建立大地控制网，进行大地测量数据归算起着十分重要的作用。另外，天文定位定向及垂线偏差的确定对于促进空间工程、地球科学等领域的发展也具有重要意义[4]。

1.1　天文定位定向技术的发展及特点

1. 天文定位定向技术的发展

天文定位技术在航海中得到了较早的应用。在航海中常用的天文定位仪器为天文钟与航海六分仪。常用的六分仪有千分尺鼓轮六分仪和游标尺六分仪[5-6]。随着技术的发展，又出现了电子六分仪[7]。在运用六分仪进行定位时，通过精密测量天体高度来确定船体的位置。一般采用高度差法、球面三角形法等方法进行天文坐标信息的解算[8-10]。虽然六分仪在航海中得到了较好的应用，但是由于在运用六分仪进行定位时操作复杂，作业效率不高，并且定位的精度也不高，因此无法满足地面测站点对于天文坐标的测量要求[11-12]。

对于测站点天文坐标的测量主要采用地面光学测地技术，通过对恒星方向的测量确定测站点垂线在天文坐标系中的指向。对测站点天文坐标的定位研究经历了照相天顶筒、等高仪、中星仪等经典光学测地仪器。其中照相天顶筒和天顶仪是较为经典的天文测地仪器，但是这两种仪器均受到选星条件的限制，而且这些传统的经典光学测地仪器比较笨重，观测效率也不高，自动化程度较低，受人为等因素的影响较大，并没有得到广泛的应用[13-14]。

20 世纪后半叶，出现了电子计算机、半导体、激光及航天科技等技术，人类进入了信息时代和太空探索时代，定位定向技术也得到了发展，观测精度和测算周期都得到了提高，尤其是空间测量技术得到了较为广泛的应用[15-16]。照相天顶筒等经典光学测地仪器在测量地球自转参数方面的功能也逐渐被空间测量技术所取代，只有一部分经典光学设备被保留下来进行垂线偏差的测量与监测。这个时期发展起来的空间测量技术主要有惯性导航定位技术[17]、全球定位系统（global positioning system，GPS）、卫星激光测距（satellite laser rang，SLR）、甚长基线干涉测量（very long baseline interferometry，VLBI）和卫星重力探测等新技术[18-21]。惯性导航定位技术是一种不依靠外部信息的自主导航定位系统，具有较好的隐蔽性，但是惯性元件价格较高，导航误差随时间不断积累，需要较长的加温和对准时间，不能满足长时间高精度定位要求[22]；甚长基线干涉测量是一种通过接受河外射电源发射的波进行射电干涉测量的技术，它是随着干涉测量法、射电天文学的发展以及现代电子技术和高稳定度频率标准的诞生而形成的，但是设备笨重，价格昂贵，精度提高较难，因此 VLBI 技术的应用和发展较为局限。全球定位系统的出现极大地促进了定位技术的发展[23]。从 20 世纪 70 年代初期开始，美国建立了 GPS，苏联建立了“格罗纳斯”系统。另外，欧洲空间局和欧洲联盟共同发起建设了“伽利略”定位系统。由于卫星导航定位系统能为用户全天候连续地提供精确的三维位置，因此得到了较为广泛的应用[24]。

虽然现代空间测量技术得到了较大发展，但是这些空间测量技术测量得到的是以地球椭球面为基准的大地坐标，与测站点垂轴指向的天文坐标无关[25-26]。为了得到测站点的天文坐标，我国主要采用了经纬仪。运用传统的光学经纬仪进行天文定位，对操作者的要求较高，需要相关的专业知识，并且容易受到天气等因素的影响。在操作时，易引入人为误差，并且在测量的过程中需要记录数据，对于测站点进行定位时需要较长的测量时间[27]。随着测绘及相关技术的进步，科研人员研制了性能更佳的电子经纬仪，并逐渐取代了传统的光学天文经纬仪。以电子经纬仪为基础研制的新型天文定位定向系统操作简单，自动化程度和测量精度都得到了较大的提高。在采用电子经纬仪进行天文观测时会受到大气折射的影响，由此带来的误差是影响天文测量精度的一个重要因素。从 1970 年美国贝尔实验室研制成功第一个电荷耦合器件（charged coupled device，CCD）之后，电荷耦合器件技术便飞速发展。CCD 是一种体积小、功耗低且具有高灵敏度的固化器件，广泛应用于天文导航定位系统。为此，借鉴照相天顶筒观测天顶恒星的模式，将 CCD、计算机、精密测量等先进技术相结合，地面数字天文摄影仪也应运而生[28]。

2. 天文定位定向技术的特点

天文定位定向之所以经久不衰与其特点有着重要的联系。天文定位定向技术的优点主要体现在以下几个方面[44]：

（1）天文定位定向的自主性强，不依赖外部信息，只依靠天然信标，也正因为如此，天文定位定向具有强抗干扰能力，不会受到电磁环境等因素的影响。

（2）天文定位定向的定位精度高，定位精度仅次于卫星定位，而且误差不随时间而累积，可靠性高。

（3）天文定位定向设备相对可靠，且定位不受时间、地点和空间位置的制约，只要能正常观测，就能实现定位。

（4）天文定位定向设备由天文测量仪器组成，设备简单，成本相对较低。

1.2 地面数字天文摄影仪的发展

地面数字天文摄影仪通过旋转拍摄天顶上方的恒星星图进行定位定向，是一种高精度的天文定位定向仪器，主要用于测量地面测站点垂线指向的天文坐标，结合大地坐标可获得测站点的垂线偏差。地面数字天文摄影仪的发展主要经历了由模拟时代向数字时代的转变。在国内对于地面数字天文摄影仪的研究尚属起步阶段，国外这方面的研究则相对较早。当前，地面数字天文摄影仪的定位精度可以达到0.05″，是一种高精度的天文定位定向仪器[29]。

地面数字天文摄影仪通过拍摄星图完成天文坐标与天文北向信息的解算。20世纪70年代，德国汉诺威大学研制了可移动的模拟天顶摄影仪，该模拟天顶摄影仪采用了照相底片，之后，瑞士苏黎世理工学院与德国汉诺威大学共同研制了一套新的天顶摄影仪系统，但是该系统与之前研制的系统并无本质上的区别。作为大地天文测量的一种仪器，意大利等国也对天顶仪进行了研究，但是由于技术条件的限制，其天顶摄影仪中使用的依旧是模拟相机，此时的天顶仪处于模拟时代[30]。模拟天顶摄影仪能够自动获取曝光历元和仪器的调平状态，这在很大程度上消除了人为因素对于天文定位结果的影响，并且模拟天顶摄影仪具有快速的观测流程，能够缩短测量的时间[31-32]。运用模拟天顶摄影仪进行定位时定位的精度在0.3″~0.5″之间，因此这种自动化设备在欧洲和美国等地区得到了较大范围的应用。运用模拟天顶摄影仪拍摄恒星星图进行定位虽然能够达到较高的定位精度，但是提取拍摄恒星星点的复杂性却限制了仪器的发展[33-34]。获取拍摄的星点需要通过比较器进行人工或半自动化的提取，因此一个地点的测量过程一般会持续3~5h。在测量过程中对于人力的要求较大，并且费用相对较高。在此期间，卫星定位技术得到了较快的发展。之后，天顶摄影仪的发展相对较慢，直到20世纪90年代，CCD成像技术逐渐成熟起来，这使得天顶仪重新受到了研究者的重视，天顶摄影仪也因此进入了数字时代[35-36]。

CCD图像传感器代替了模拟天顶摄影仪中的照相底片。恒星星光通过CCD探头单元检测信号，并在CCD光敏面上成像。CCD探头电路将光信号转化为模拟信号，通过对信号的放大滤波等处理后，再经过模数转换后对恒星星点数据进行存储[37]。此时天顶仪可以较快地获取拍摄的恒星图像坐标，并能够直接对拍摄的恒星星图进行在线处理，避免了对于星点的人工提取过程[38]。此时天顶仪由模拟时代进入了数字时代。21世纪，德国汉诺威大学和瑞士苏黎世理工学院分别运用CCD图像传感器对模拟天顶摄影仪进行改进，研制出了地面数字摄影仪，定位的精度逐步由0.3″提高至0.08″左右，为了实现数字天顶仪的工程化，提高仪器的实用性，2003年，汉诺威大学和苏黎世理工学院共同完成了仪器硬件与软件的调试及应用，并将全球导航卫星系统（global navigation satellite system，GNSS）技术运用到数字天顶仪中以取代之前的长波时间接收器。之后，在不同时间段和地面测站点上分别进行了多次试验，数据分析结果均表明仪器的定位精度较高且实用性较好。在其他一些国家（如土耳其）也开展了相似仪器的研究，但大多数研究基本与德国所做的研究相类似[39]。目前，国外主要采用切平面法进行定位的解算，在倾角补偿上主要引入尺度系数，取得了较好的定位结果[40]。

相比国外而言，国内的研究尚处于起步阶段，主要的研究单位有山东科技大学和中国科学院。2009年，中国科学院国家天文台与山东科技大学开始进行合作，并于2011年研制出地面数字天文摄影仪样机，填补了我国在地面数字天文摄影仪研究上的空白。该样机体积小，自动化程度和测量精度高，在地面测站点的垂线测量及垂线偏差观测上作用明显。试验结果表明，该样机与德国研制的数字天顶仪的定位精度不相上下，单次观测的精度可达0.2″~0.3″，单组观测的精度可达0.07″~0.08″，但是该仪器还需要在降低成本、优化结构等方面展开进一步的研究。在合作研制样机的基础上，中国科学院的王博等重点就数字天顶仪的图像处理及数据处理流程进行了分析；山东科技大学的郭金运、宋来勇等就星点的匹配识别及相关的理论算法进行了研究。这些研究成果得到了应用，但是研究的内容缺乏一定的系统性。西安电子科技大学的吴自力等就温控系统和智能控制系统展开了研究，该研究有利于提高仪器的自动化程度，但研究的内容主要体现在地面数字天文摄影仪的硬件设计上[41-43]。另外，周兴等在星点提取及识别算法上开展了一定的研究，但是研究的内容需要进一步完善。当前，数字天顶仪在国内已经得到了使用，西安航光仪器厂、火箭军研究院、火箭军工程大学等单位的学者分别就数字天顶仪在应用中的具体问题展开了针对性的研究。总体而言，国内对于地面数字天文摄影仪的研究还不够成熟，对相关问题的研究大多借鉴了国外的经验,缺少地面数字天文摄影仪定位定向原理系统性分析方面的相关研究。

综合分析可知,地面数字天顶摄影仪常用于获取测站点的天文坐标及其垂线偏差,仪器的精度和自动化程度高,在大地天文测量上能够得到较好的应用,但是当前对地面数字天顶仪系统的深入研究尚显不足,为此需要开展进一步的研究:①小型化。当前地面数字天顶摄影仪的重量和体积仍然较大,需要在光学结构等方面进行优化,使仪器的搬运更加便捷,从而提高仪器的实用性。②快速性。目前在武器系统应用等领域需要快速地获取地面点位的高精度天文信息。相对于传统的仪器而言,地面数字天顶摄影仪在大地天文测量上的效率较高,但是在仪器的工作过程中,星图识别等技术的耗时仍然较长,难以满足武器系统等的快速性要求,为此需要针对星图识别等技术展开研究,以提高星图识别的速度,缩短测站点位置和方位信息的获取时间。③高精度性。采用地面数字天顶摄影仪进行天文定位的精度较高,若能在定位方法上有所改进和创新,将有助于提高仪器的实用性。④一体化。当前地面数字天顶摄影仪主要用于获取测站点的天文坐标,在获取天文方位信息方面的研究相对较少,有必要在高精度定位的基础上开展定向研究,从而实现数字天顶仪定位定向的一体化。

1.3 本书的主要研究内容

本书是作者研究成果的综合集成,主要研究内容包括:

第1章论述了天文定位定向技术的发展及其优势,并概述了地面数字天文摄影仪的发展。

第2章论述了地面数字天文摄影定位定向系统的组成,介绍了仪器的结构和工作流程,对相关基础知识进行了阐述,主要包括坐标系、时间系统、恒星视位置和天文坐标的解算。

第3章对星表简化方法进行了研究,分析了识别阈值,改进了三角形星图识别算法,并提出了一种基于方向矢量的星图识别方法。

第4章分析了星图识别时参考恒星的选取范围,对恒星的像点轨迹进行了推导,提出了一种快速星图识别方法,并研究了基于新星筛选的星图识别方法。

第5章对恒星星点数据进行了筛选,改进了切平面定位方法,简化了定位解算的过程,建立与分析了倾角修正模型;研究了大倾角状态下基于球面三角形的定位算法。

第6章围绕地面数字天文摄影仪定向问题展开研究,提出了基于转换模型与对径位置解算的定向方法。对四参数坐标转换模型进行分析,并与六参数转换模型及非线性模型进行了对比;研究了转台转位误差对定向精度的影响,对转位误差进行了补偿,给出了单位置连续拍摄的方法。

第7章进行了误差的建模与补偿,主要包括星点数据误差、仪器参数误差、轴系误差和大气折射等误差,并进行了试验分析。

参考文献

[1] 胡明城. 现代大地测量学的理论及其应用[M]. 北京:测绘出版社,2003.

[2] 周亮,沈云中,陈秋杰. 垂线偏差对隧道贯通误差的影响规律及影响值计算[J]. 测绘通报,2013,8(10):11-14.

[3] 王恒,李永刚,李生平. 垂线偏差对航天测控数据处理精度影响分析[J]. 飞行器测控学报,2010,29(3):65-67.

[4] 邢乐林,刘冬至,金涛勇,等. 垂线偏差对用卫星测高数据建立海面高模型的影响[J]. 大地测量与地球动力学,2007,27(2):61-63.

[5] 郑磊. 一种天文舰位线的算法改进[J]. 舰船电子工程,2008,6(2):107-109.

[6] 胡定军,赵柯,张芊. 一种新型航海电子六分仪测角系统研究[J]. 船舶工程,2011,33(2):104-106.

[7] 贾海红. 计算机辅助天文船位算法和六分仪改进研究[D]. 天津:天津理工大学,2010.

[8] 刘先一,周召发,张志利,等. 球面三角形法在数字天顶仪中的应用[J]. 大地测量与地球动力学,2015,35(4):726-728.

[9] 张志勇,吴跃,刘勇. 利用天文方法进行动基座姿态校准[J]. 宇航计测技术,2010,30(2):5-8.

[10] 张新帅,周召发. 航天姿态算法在地面天文定位中的应用研究[J]. 测绘科学,2015,40(5):139-143.

[11] 李东明,金文敬,夏一飞,等. 天体测量方法——历史、现状和未来[M]. 北京:中国科学技术出版社,2006.

[12] 宁津生,刘经南,陈俊勇,等. 现代大地测量学的理论及其应用[M]. 北京:测绘出版社,2003.

[13] 叶剑,李彬华,程向明,等. 新型等高仪转台运动控制系统设计[J]. 光学技术,2015,41(2):171-175.

[14] 王红旗,韩延本,郭金运,等. 用于测量铅垂线变化的小型天体测量仪器[C]. 中国地球物理学会,2011:598.

[15] 张昊. 地球定向参数极移的预报理论与方法研究[D]. 长沙:中南大学,2012.

[16] 孙张振. 高精度地球自转参数预报的理论与算法研究[D]. 西安:长安大学,2013.

[17] 王若璞,张超,郑勇. 基于电子经纬仪的天文定位定向系统[J]. 测绘通报,2012:777.

[18] 马霞,杜增,李渝. 惯性导航的误差建模与仿真研究[J]. 中国电子科学研究院学报,2014,9(1):97-100.

[19] 王博,尹志强,韩延本. 地震前天文时纬观测异常现象的研究进展[J]. 科学通报,2012,57(22):2043-2050.

[20] 张超,郑勇,李长会. GPS在天文测量中的应用[J]. 全球定位系统,2002,27(1):33-35.

[21] 储海荣,段镇,贾宏光,等. 捷联惯导系统的误差模型与仿真[J]. 光学精密工程,2009,17(11):2779-2785.

[22] 李金岭,魏二虎,孙中苗,等. 关于我国天测与测地 VLBI 网络未来建设的讨论[J]. 武汉大学学报(信息科学版),2010,35(6):670 - 673.
[23] 刘伟成,梁鑫鑫,高俊强. GPS 与天顶仪联合定向测量在长距离盾构推进中的应用研究[J]. 现代测绘,2012,35(5):11 - 13.
[24] 曾志雄,胡晓东,谷林,等. 数字天顶摄影仪的图像处理[J]. 光子学报,2004,33(2):248 - 251.
[25] 周召发,刘先一,张志利,等. 基于数字天顶仪的双轴倾角仪研究[J]. 光子学报,2015,44(8):21 - 26.
[26] 张捍卫,许泽厚,王爱生. 天文经纬度和天文方位角测定的基本原理[J]. 测绘科学,2006,31(4):157 - 160.
[27] HIRT C. The digital zenith camera TZK2 - D - a modern high - precision geodetic instrument for automatic geographic positioning in real - time[C]. Astronomical Data Analysis Software and Systems XII. 2003:295 - 156.
[28] 王博,田立丽,王政,等. 数字化天顶望远镜观测图像及数据处理[J]. 科学通报,2014,59(12):1100 - 1107.
[29] ANNA M,BEAT B. First results from new high - precision measurements of deflection of vertical in Switzerland[C]. Proc IAG GGSM2004 Symposium,Portugal,2004.
[30] HIRT C,REESE B,ENSLIN H. On the accuracy of vertical deflection measurement using the high - precision digital zenith camera system TZK2 - D[J]. Springer,2004:197 - 201.
[31] HIRT C,BÜRKI B. The digital zenith camera - anew high - precision and economic astrogeodetic observation system for real - time measurement of deflections of the vertical[C]. Proceed. 3rd Meeting International Gravity and Geoid Commission of the International Association of Geodesy, Thessaloniki, Editions Ziti, 2002:161 - 166.
[32] HIRT C,SEEBER G. Accuracy analysis of vertical deflection data observed with the Hannover Digital Zenith Camera System TZK2 - D[J]. Journal of Geodesy,2008,82(6):347 - 356.
[33] HIRT C. Prediction of vertical deflections from high - degree spherical harmonic synthesis and residual terrain model data[J]. Springs,2010,179 - 180.
[34] KEREM H,RASIM D,HALUK O. Digital zenith camera system for astro - geodetic applications in turkey[J]. Journal of Geodesy and Geoinformation,2012,1(2):8 - 14.
[35] HIRT C,BÜRKI B,SOMIESKI A,et al. Modern determination of vertical deflections using digital zenith cameras[J]. Journal of Surveying Engineering,2010,136(1):1 - 12.
[36] 刘美莹. CCD 天文观测图像的星图识别和天文定位方法研究[D]. 北京:中国科学院,2009.
[37] 杨成鹏. 基于 CCD 的星图识别算法及应用研究[D]. 大连:大连海事大学,2011.
[38] 田立丽,郭金运,韩延本,等. 我国的数字化天顶仪样机[J]. 科学通报,2014,59(12):1094 - 1099.
[39] 翟广卿,艾贵斌. 数字天顶摄影天文定位测量的工程实现[J]. 测绘科学技术学报,2014,31(3):232 - 235.
[40] 宋来勇. 基于 CCD/GPS 垂线偏差测量理论算法研究[D]. 青岛:山东科技大学,2012.
[41] 王志强. 基于 NIOSII 的数字天顶仪智能控制系统的设计[D]. 西安:西安电子科技大学,2011.
[42] 白瑞. 天顶仪面阵 CCD 半导体温控系统的设计与实现[D]. 西安:西安电子科技大学,2011.
[43] 房建成,宁晓琳. 天文导航原理及应用[M]. 北京:北京航空航天大学出版社,2006.

第 2 章　地面数字摄影天文定位定向系统的组成及原理

地面数字摄影天文定位定向系统通过多位置旋转拍摄星图进行定位，是一种高精度的天文定位定向仪器。为了对地面数字摄影天文定位定向系统有一个全面的介绍，本章首先介绍了地面数字摄影天文定位定向系统的组成和工作流程，然后详细阐述了地面数字摄影天文定位定向系统的工作原理，其中包括坐标系、时间系统、恒星视位置及测站点天文坐标的解算过程，并分析了时间误差对于恒星视位置的影响。

2.1　地面数字摄影天文定位定向系统的组成

图 2.1 所示为地面数字摄影天文定位定向系统，它主要由地面数字天文摄影仪、控制与授时系统、数据处理系统及附属设备组成。

图 2.1　地面数字摄影天文定位定向系统

2.1.1　地面数字天文摄影仪

地面数字天文摄影仪是地面数字摄影天文定位定向系统的核心设备。如图 2.2所示,它主要由光学望远镜、CCD 成像装置及旋转平台调平装置组成。光学望远镜为大口径、长焦距的折返式望远镜,由镜筒、校正透镜组、折返透镜组及反射透镜组组成。光学镜头的焦距易受温度等因素的影响,为了获得高清晰度的星点,在相机下方安装调焦装置,通过改变 CCD 焦平面与镜筒面之间的相对距离来调节成像星点的清晰度。

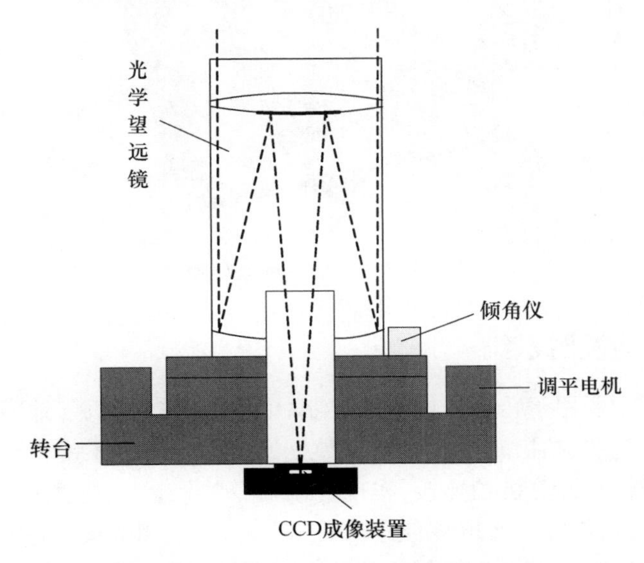

图 2.2　地面数字天文摄影仪的结构示意图

CCD 成像装置主要用于获取测站点天顶上方的恒星图像,由 CCD 相机及外围保护装置构成。CCD 成像装置安装在仪器的底部,其中关键器件为 CCD 图像传感器。在拍摄星图时,CCD 图像传感器随着镜筒一起转动。这里采用的 CCD 相机为美国 FLI 公司生产的 16803 型相机。旋转平台与转台调平装置主要由调平电机和双轴倾角仪组成。转台与地面数字天文摄影仪镜筒通过连接螺栓固定在一起。通过伺服电机带动转台下方的齿轮带,从而实现地面数字天文摄影仪镜筒的方位变化。在转台上装有 3 个脚螺,其中的两个脚螺上装有调平电机。依据转台上的水平气泡仪的状态通过调节 3 个脚螺对地面数字天文摄影仪进行粗调平,然后采用调平电机和双轴倾角仪在粗调平的基础上对仪器进行精调平。倾角仪能够敏感地面数字天文摄影仪的倾斜程度,这里采用的是徕卡 Nivel220 型双轴倾角仪,如图 2.3 所示。该型号的双轴倾角仪的工作电压范围为 9 ~ 15V,

功率为0.6W,能够实时对倾斜角度进行测量,准确性和稳定性好,分辨率可达0.2″。

图2.3　徕卡Nivel220型双轴倾角仪

2.1.2　控制与授时系统

控制系统主要用于转台和相机的控制,以及实现计算机与地面数字天文摄影仪之间恒星星图、拍摄时间及倾角仪数据的传输。控制系统主要通过电控箱完成。将电控箱与计算机相连接,实现控制指令的发送。通过转台控制接口将电控箱与转台进行连接,实现转台的调平和旋转;通过相机接口将电控箱与相机相连,实现相机的供电、CCD快门的触发以及恒星星图的传输;通过倾角仪接口和授时接口分别获取倾角仪数据与记录拍摄星图的时刻。

授时主要由GPS和北斗授时模块完成,可以根据测站点环境等条件选择合适的授时方式。授时仪器与电控箱相连,在CCD相机曝光时发送秒脉冲信号,记录下拍摄星图的精确时刻,并由控制单元将拍摄星图的时刻记录在恒星星图中。

2.1.3　数据处理系统及附属设备

数据的处理主要通过计算机完成。附属设备主要包括三脚架、连接电缆及电源。三脚架用于架设地面数字天文摄影仪;连接电缆用于电控箱与地面数字天文摄影仪、计算机之间的控制信号和图像数据的传输;电源用于电控箱等设备的供电。

2.2　地面数字天文摄影仪的工作原理

运用地面数字天文摄影仪进行定位定向时要记录下拍摄星图时的精确时刻，同时将恒星在星表历元下的天球坐标转换到当前历元，并进行不同坐标之间的转换。因此，在天文定位定向的过程中会涉及坐标系、时间系统和恒星视位置等内容。

2.2.1　仪器的工作流程

地面数字天文摄影仪是一种高精度的天文定位定向仪器。首先在测站点位置上架设仪器，然后通过长气泡水准仪和双轴倾角传感器实现地面数字天文摄影仪的精调平。在仪器调平的基础上，采用地面数字天文摄影仪拍摄一幅恒星星图，观测星图中星点的形状，通过逐渐调节焦距使拍摄的星点形状近似为一颗分布规则的圆点。在调焦完成后，进行星图的拍摄。

考虑到在拍摄恒星星图时存在着轴系误差以及倾角仪零点偏差等因素，因此在进行天文信息解算时，将处于对径位置的两幅星图作为一个解算单元。为增加拍摄的恒星星图的数量，提高仪器的工作效率，通过旋转地面数字天文摄影仪的光学望远镜进行星图的拍摄，并从中选取处于对称位置的星图。在旋转拍摄恒星星图时，旋转角一般可取 $\pi/4$ 或 $\pi/2$，这里选择的旋转角度为 $\pi/4$。地面数字天文摄影仪的工作流程为：先顺时针旋转拍摄 8 幅恒星星图，然后再逆时针旋转拍摄 8 幅恒星星图，在一个工作循环中，地面数字天文摄影仪拍摄的恒星星图数量为 16 幅，如图 2.4 所示。

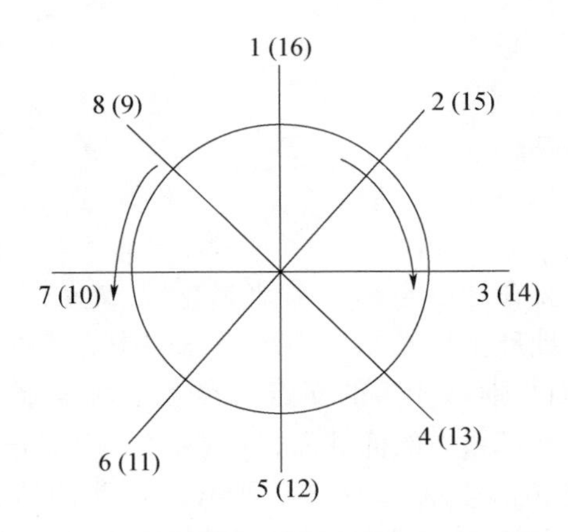

图 2.4　地面数字天文摄影仪的拍摄示意图

在对位置信息进行解算时，一般通过地面数字天文摄影仪进行多个工作循环的星图拍摄。对每个循环进行解算，取均值后最终实现对天文信息的精确计算。

2.2.2 坐标系

如图 2.5 所示，在定位解算过程中涉及的坐标系有天球坐标系、天文坐标系、CCD 图像坐标系和切平面坐标系，其中，天球经度 α_c 与天文经度 α_Λ 之间的差值为格林尼治视恒星时 GAST。

1. 天球坐标系

天球是以地球质心为原点，半径为任意长度的一个假想球体。为建立一个不随周日视运动和地点变化的坐标系，将地球赤道往外延伸为天赤道平面，地球公转面延伸为黄道平面，两个平面相交线的两个点，其中一个点为春分点。以地球质心作为坐标系的原点，春分点为一固定的参考点，建立在天赤道平面上的坐标系称为天球坐标系，用(α_c,δ_c)表示，如图 2.6 所示。

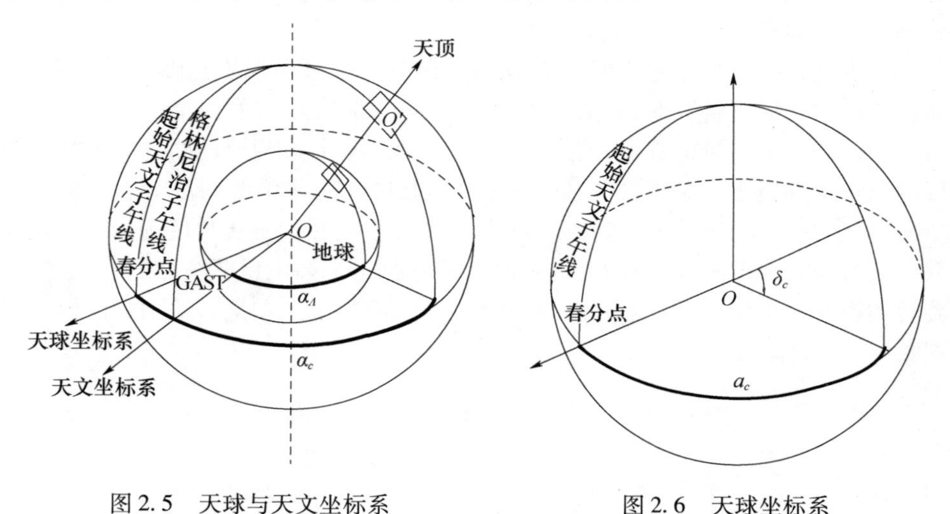

图 2.5 天球与天文坐标系

图 2.6 天球坐标系

2. 天文坐标系

天文坐标系是建立在地球坐标系基础上的，天文坐标系与地球坐标系两者之间密切联系。其中地球坐标系是以地球椭球的中心为原点，椭球面的法线为基准，格林尼治子午面与地球赤道的交点为参考点的坐标系。天文坐标系以大地水准面取代了地球坐标系中的椭球面，将铅垂线作为基准，以此建立的坐标系为天文坐标系，用(α_Λ,δ_Φ)表示，如图 2.7 所示。α_Λ 为测站点的天文子午面与起始天文子午面之间的夹角，δ_Φ 为测站点的垂线与地球赤道面的夹角。运用地面数字天文摄影仪进行定位得到的测站点坐标即为天文坐标。

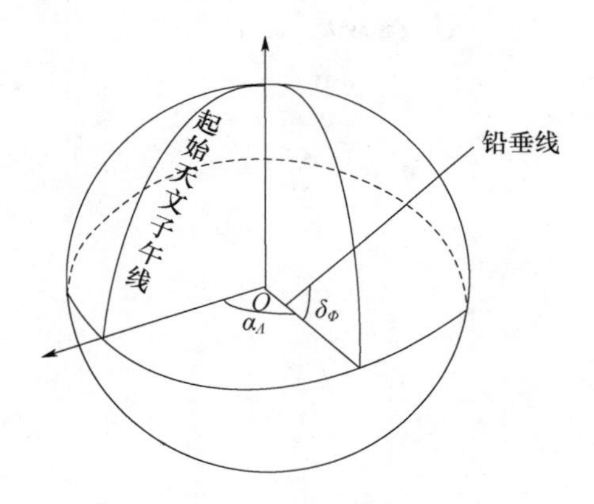

图2.7　天文坐标系

3. CCD图像坐标系

CCD图像坐标系是建立在CCD图像传感器像平面上的直角坐标系，用于测量星图中恒星像点的质心坐标。成像在CCD图像传感器上的恒星像点坐标由像素表示，像素的基本组成为行和列。星点的图像坐标用(x,y)表示，如图2.8所示。在运用地面数字天文摄影仪进行定位解算时，一般将恒星像点的图像坐标转换到以CCD图像传感器中心为坐标原点的图像坐标系中去。

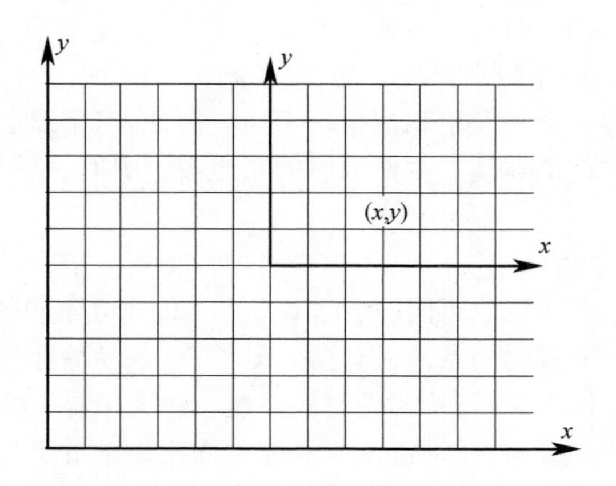

图2.8　图像坐标系

4. 切平面坐标系

切平面坐标系是以测站点概略天文坐标(α',δ')确定的垂轴与天球的交点Z_0为原点，以子午线的切线方向为η轴，以卯酉圈的切线方向为ξ轴确定的平面直角坐标系，如图2.9所示。η轴与ξ轴分别指向北向与东向。天文坐标为(α,δ)的恒星在切平面上的坐标可表示为(ξ,η)，则有

$$\cot q = \cot\delta\cos(\alpha - \alpha')$$
$$\xi = \frac{\tan(\alpha - \alpha')\cos q}{\cos(q - \alpha')}$$
$$\eta = \tan(q - \delta') \tag{2.1}$$

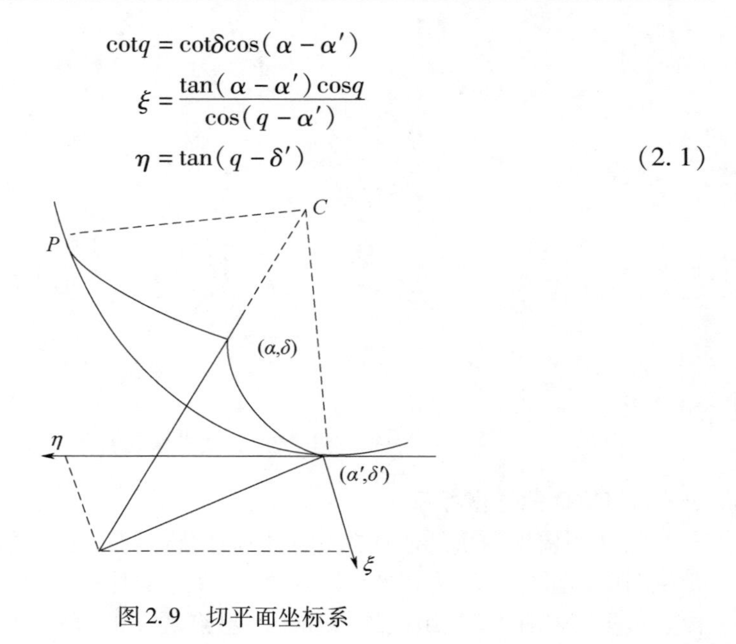

图 2.9 切平面坐标系

2.2.3 时间系统

恒星星表中采用的时间历元是太阳质心力学时。地面数字天文摄影仪是通过 GPS 或者北斗授时系统进行授时的,授予的为 GPS 时。另外,在进行天球坐标与天文坐标转换时会涉及格林尼治恒星时。因此,运用地面数字天文摄影仪定位时需要进行时间的转换。主要的时间系统有世界时、原子时、力学时、协调世界时与 GPS 时。

1. 世界时

地球在自转过程中选取不同的空间参考点可以建立不同的时间系统。恒星时是基于春分点建立的时间系统,但是由于岁差和章动的存在会使春分点发生变化,所以恒星时并不是严格均匀的时间系统。平太阳是一个在天球赤道上作周年运动的假设点,它的视运动速度与真太阳周年运动的平均速度一致。平太阳时和世界时均是以平太阳为参考点的,两者的差别仅在于起算点不一样,然而由于地球极移和地球自转速度的变化,所以以平太阳为参考点建立的时间系统同样不严格均匀,于是引入了对世界时的修正。一般用 UT0(universal time)表示未经修正的世界时,UT1 表示经过极移修正的世界时,UT2 表示经过地球自转季节性修正的世界时,但是修正后的时间系统仍然达不到严格均匀的要求。

2. 原子时

随着科学技术的不断进步,对于时间基准的要求也在不断提高,急需建立一个新的时间系统。原子时是以原子在跃迁过程中所产生的振荡频率为基准建立的理想计时系统,具有极高的稳定性,它的准确度能够达到 $10^{-13} \sim 10^{-14}$,因此原子时可以作为高精度的时间基准。

3. 力学时

力学时分为太阳质心力学时 TDB 和地球质心力学时 TT。在相对于太阳系质心的运动方程组中所采用的时间变量即为太阳系质心力学时,用于刊载地心处观测天象的地心视位置历表的时间变量为地球质心力学时。两者之间的误差较小,一般情况下,可用地球质心力学时取代太阳质心力学时。地球质心力学时是以原子时秒长为基准的,它与原子时 IAT 的关系式为:TT = IAT + 32.184(s)。

4. 协调世界时

在大地天文测量、天文导航等方面,仍然采用世界时系统,但是世界时并不是严格均匀的,于是建立了以原子时秒长为基础的协调世界时(UTC)。采用跳秒的方式,使 UTC 与 UT1 的时间差值保持在 0.9s 以内。跳秒的时间由国际地球自转服务组织 IERS 发布,最近一次跳秒的时间为 2015 年 6 月 30 日。为了得到精确的 UT1 时刻,IERS 在发布世界协调时的同时发布 UT1 与 UTC 之间的差值。

5. GPS 时

GPS 时属于原子时系统,是以原子秒长为时间基准建立的时间,记为 GPST。GPST 与 UTC 在 1980 年 1 月 6 日 0 时一致。两者之间的差值为整数秒,满足关系式:GPST = UTC + $(n-19)$(s)。

不同时间的关系如图 2.10 所示。

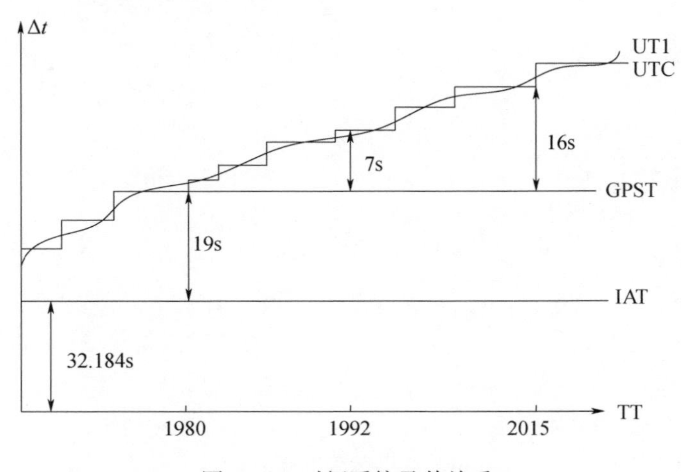

图 2.10　时间系统及其关系

6. 儒略日的计算

星表中的恒星位置是在星表历元下的天球坐标,需要计算恒星在当前历元下的天球坐标。儒略日是一种计算两时间点间隔的天文学纪日法,用 JD 表示。

$$JD = \mathrm{INT}(365.25(Y+4716)) + \mathrm{INT}(30.6001(M+1)) + D + B - 1524.5 \tag{2.2}$$

式中:INT 表示函数的取整,Y 表示年份,M 表示月份,D 为该月的日期(把具体时分秒转化为日期的小数)。当 $M>2$,Y 和 M 保持不变;当 $M=1$ 或 2,$Y=Y-1$,$M=M+12$。

参考文献

[1] 夏坚白,陈永玲,王之卓. 实用天文学[M]. 武汉:武汉大学出版社,2007.
[2] 赵铭. 天体测量学导论[M]. 北京:中国科学技术出版社,2011.
[3] 李长会. 新型天文测量系统观测方法及测试数据分析研究[D]. 郑州:解放军信息工程大学,2012.
[4] 孔祥元,郭际明,刘宗泉. 大地测量学基础[M]. 武汉:武汉大学出版社,2010.
[5] 宋来勇. 基于 CCD/GPS 垂线偏差测量理论算法研究[D]. 青岛:山东科技大学,2012.
[6] 管泽霖,宁津生. 地球形状及外部重力场[M]. 北京:测绘出版社,1981.
[7] 陈义,程言. 天文导航的发展历史、现状及前景[J]. 中国水运,2006,4(6):27-28.
[8] 周兴. 天文定位系统中恒星定位与识别算法的研究[D]. 西安:西安电子科技大学,2012.
[9] 房建成,宁晓琳. 天文导航原理及应用[M]. 北京:北京航空航天大学出版社,2006.
[10] 胡明城. 现代大地测量学的理论及其应用[M]. 北京:测绘出版社,2003.

第3章　基于方向矢量的星图识别算法

地面数字天文摄影仪通过旋转拍摄星图实现高精度定位与定向,在进行解算前,需要对拍摄的星图进行识别。为完成星图的识别,首先需要结合星表完成恒星视位置的解算,这里对星表进行了研究。地面数字天文摄影仪常采用的星图识别方式主要为三角形识别方法,三角形星图识别方法可靠性高,但是该方法计算量大,效率低。这里对三角形星图识别方法进行了改进与分析,并研究了基于方向矢量的星图识别方法。

3.1　星表的构建

恒星视位置是指恒星在当前历元下,以地球质心为中心的天球上的坐标。恒星视位置受到多种因素的影响。地球不是一个规则的球体,在地球围绕太阳运动的过程中,地球赤道隆起的部分会受到来自日月的引力作用,因此地球自转轴的方向会不断发生变化。地球自转轴在空间绕北黄极产生的缓慢运动为岁差,瞬时北天极绕瞬时平北天极做的近似椭圆的运动叫作章动。岁差和章动的存在会使春分点的位置发生缓慢变化,从而影响恒星视位置。另外,在计算恒星视位置时需要考虑自行、大气折射、视差和光行差的影响。其中恒星自行的数据可以通过恒星星表获取,由于地面数字天文摄影仪的视场角较小,在计算恒星视位置时可以忽略大气折射的影响。

3.1.1　恒星星表

星表中载有恒星在星表历元下的平坐标、周年自行、周年视差等数据。从1940年开始,国际上统一采用FK3星表作为基本参考架,但是星表位置受自行误差的影响较大。之后,对FK3星表进行了修正,1964年FK4星表正式问世。FK4星表较FK3星表的自行精度有了明显的改进。20世纪60年代末期,通过一些高质量的子午仪器和等高仪对FK4星表中的恒星进行了大量观测,观测结果表明:FK4星表在一些天区明显偏离了现代观测。为了适应现代天文学的发展,德国海森堡天文研究所从1974年开始对FK4星表进行改进,编制了FK5星表。除了FK4、FK5星表外,还有美国编制的GC、N30星表,这些星表对于完善星点数据都起到了重大作用。但是这些星表受大气的限制,无法迅速提高天体测量精度。为了消除大气对于恒星测量的影响,依巴谷星表应运而生。在地面数字天文摄影仪中所使用的星表即为依巴谷星表。

依巴谷星表是运用依巴谷天体测量卫星在外部空间对恒星进行观测得到的,避免了大气和地球重力的影响,观测精度高。依巴谷星表观测的平均历元为1991.25年,含有118204颗星,恒星位置和年自行等参数的精度均为1mas左右。星表中恒星数据的误差主要来源于随机误差,没有明显的系统误差。虽然依巴谷星表发表了多年,但是星表中恒星的精度仍然较高,完全能够满足星图识别对于星表精度的要求。

在依巴谷星表中,恒星的自行和位置均以国际天球参考系(international celestial reference system,ICRS)为参考系。星表中的主轴与ICRS的偏差大约在±0.6mas,此外,星表中的自行数据与惯性参考系的符合程度较高,约为±0.25mas/yr。表3.1列出了依巴谷星表的主要特征数据。

表3.1　依巴谷星表特征数据

特征数据名称	数据值
平均观测历元	1989.85~1993.21
依巴谷星表标准历元	J1990.25
参考系	ICRS
恒星总数量	118218
恒星极限星等	约12.4mag
所有恒星的相同观测星等	7.3~9.0mag
天球恒星平均密度	3stars/deg^2
位置精度	±0.002″
自行精度	±0.002″/yr
视差精度	±0.002″

由于依巴谷卫星在观测时处在失重和真空的环境中,避免了大气和重力造成的影响,在其观测历元下,约七成以上亮于9mag的恒星位置精度及自行精度均优于±0.001″。亮于10mag的恒星的视位置计算精度可保持在±0.01″左右,能够满足天文观测的需要。

3.1.2　基于亮星选取的局部简化星表的构建

传统的星图识别方法,采用与基本星表进行特征匹配的方式,这一方式保证了待识别恒星能够与所有可能的情况进行匹配,确保了匹配的完整性。但是与基本星表进行匹配的计算量很大，识别一颗恒星往往需要很长的时间，同时出现具有与待识别恒星特征相似的恒星的可能性增大，可能产生匹配失误，影响星图识别的稳定性。地面数字天文摄影仪的视场角为3°×3°，其视场范围较小，且拍摄区域为天顶附近的星空，因此可以针对仪器的特点，选取视场附近较小区域的恒星组成匹配星表，缩小匹配范围。为了确定地面数字天文摄影仪拍摄的区域范围，提出了基于亮星选取的局部简化星表的构建方法。

地面数字天文摄影仪采用的成像元件为CCD图像传感器，在硅基板上覆盖一层二氧化硅绝缘层，并在绝缘层上蚀刻出0.1μm的沟槽，在绝缘层上安装金属电极，和基板之间构成电容，每三个电极为一组，构成三相结构，由此成为一像素。CCD工作时，在电极上加正电压，光子到达硅基板时，产生电子－空穴对，电子在电压的作用下向电极移动，并积聚在硅基板形成的势阱中，如图3.1所示。

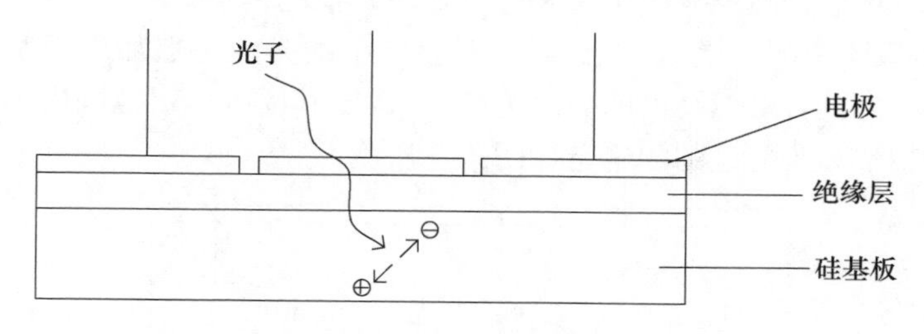

图3.1　CCD工作原理

由于在曝光期间，电荷一直在积累，积累的数量与光子数量正相关，所以星等越低，星点越大，如图3.2所示。

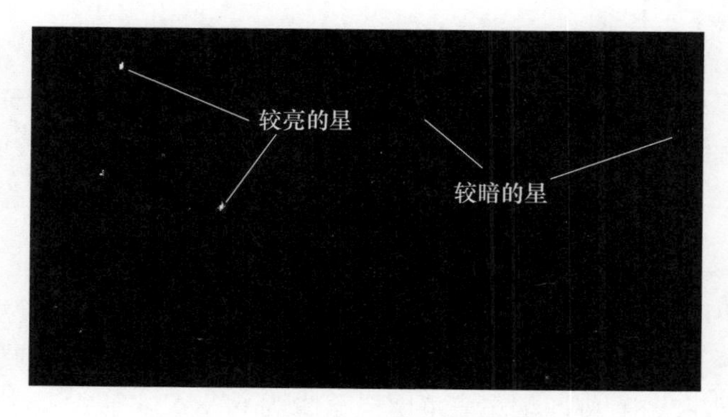

图3.2　试验中拍摄的星图局部

星图识别采用的基本星表为依巴谷星表，恒星的数量十分庞大，所以必须选择合适的星等阈值对星表加以简化，如果星图中最亮星的星等低于所取的星等阈值，则将其选为简化星表中的亮星。根据一般的亮星星等标准，6等及6等以下的恒星即传统意义上的亮星，依巴谷星表中6等及以下的恒星共5041颗，仅占原星表所有恒星的4.27%，下面对星表3°×3°范围内6等及以下的恒星数量进行考察，假设全天的6等及以下的亮星均匀分布，则3°×3°区域内的恒星数量N_{star}为

$$N_{star}=5041\times\frac{3}{360}\times\frac{3}{360}\approx 0.35 \tag{3.1}$$

计算结果表明，在6等及以下的亮星全天均匀分布的前提下，3°×3°区域中仅有0.35颗，这表明在选取的区域内很有可能没有6等及以下的亮星，因此必须提高星等阈值，确保简化星表能够识别星图中的亮星。依巴谷星表中6等至7等的恒星有10356颗，7等至8等的恒星有25661颗，同样假设全天均匀分布，则3°×3°区域内的恒星数量N_{star}分别为1.07颗和2.85颗，7等及以下的恒星占依巴谷星表总星数的13.05%，8等及以下恒星占34.80%。为了确保能够正确识别亮星，简化星表理论上应包含8等及8等以下的恒星。

在找出星图中的亮星后，需要继续对星图中的其他星点加以识别。为了缩小匹配星表的大小，以识别出的亮星为中心，选定其周围一定范围内的局部星表作为匹配星表，其匹配范围的确定如图3.3所示。

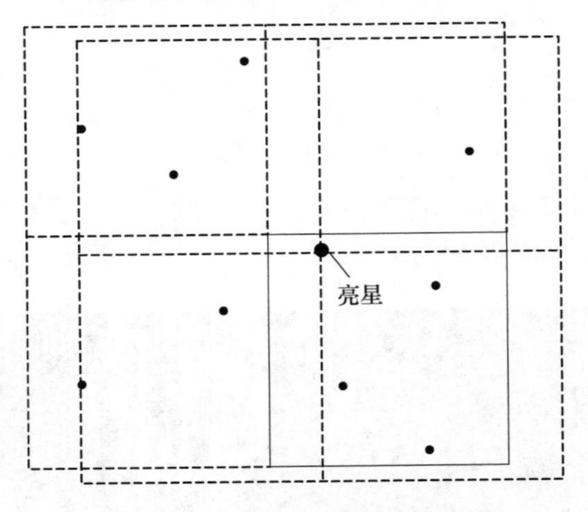

图3.3 以亮星为中心的匹配区域

图3.3中的右下角区域为拍摄的3°×3°星图区域，亮星可能位于星图区域内的任意位置。考虑亮星位于星图边缘的情况，为了保证星图区域位于以亮星为中心的匹配星表内，则匹配星表范围应至少为6°×6°。假设基本星表中的恒星全天均匀分布，则6°×6°匹配星表包含的恒星数目仅为基本星表恒星数目的0.027%，恒星数量大大减少，也减小了匹配星表占用的储存空间。

如图3.4所示，在寻找星图中的亮星时，可能会出现2颗甚至2颗以上的亮星具有相同的星等，此时以两颗恒星连线的中点作为匹配区域的中心；当存在3

颗相同星等的亮星时,先对 3 颗恒星之间的角距进行比较,选取最小角距的 2 颗恒星之间连线的中点作为匹配星表中心。基于亮星的星表划分流程如图 3.5 所示。

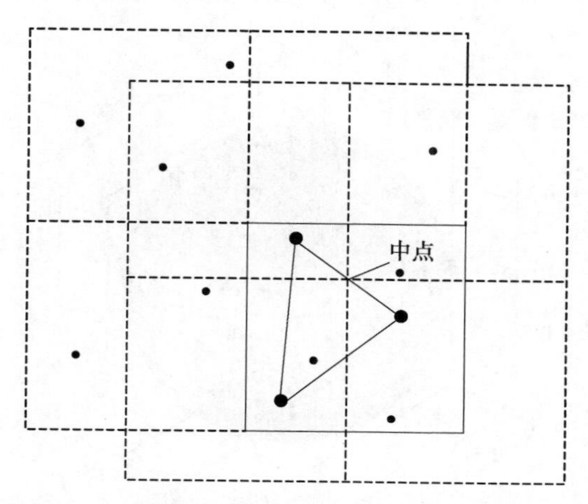

图 3.4　两颗及以上相同星等亮星的匹配区域

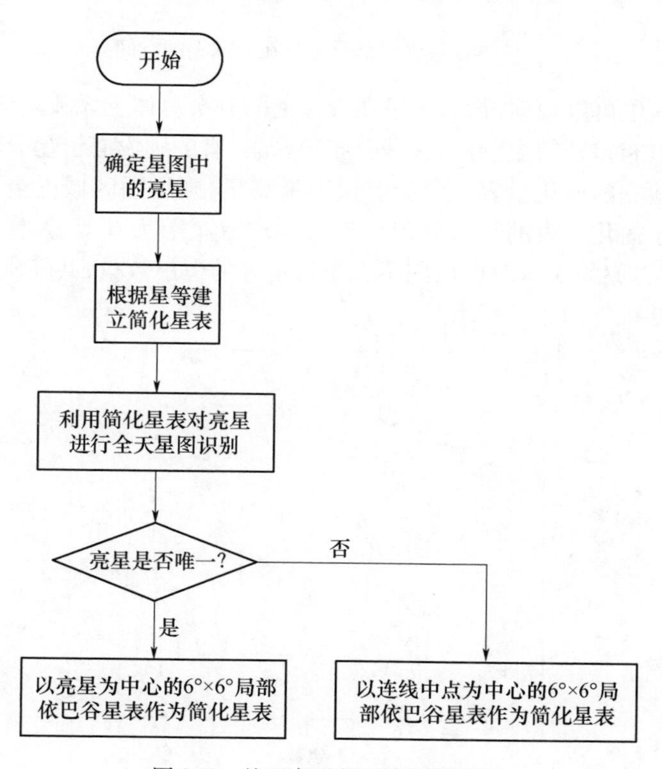

图 3.5　基于亮星的星表划分流程

这里使用的基本星表为依巴谷星表，在之前的讨论中，假设恒星在天球上均匀分布，现在根据星表数据对恒星在天球的实际分布情况进行考察。从依巴谷星表中选取了518颗4等及4等以下恒星，将它们的位置分别绘制在天球上，如图3.6所示。

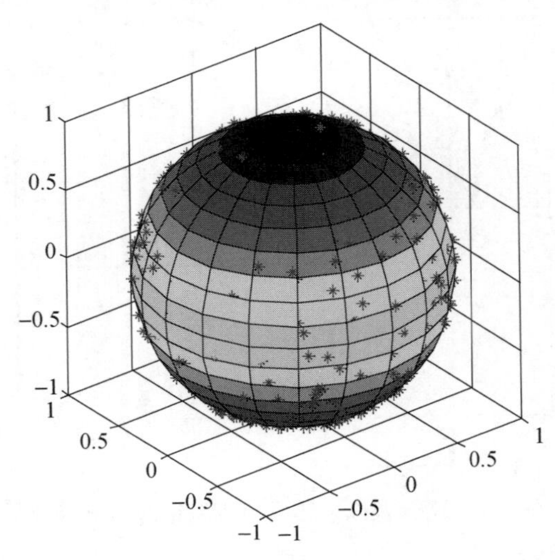

图3.6　依巴谷星表中部分恒星在天球上的空间分布

从图3.6中可以观察得到，恒星在天球上的分布总体上大致均匀，但是在局部区域内的分布差别较大，有的区域分布很密集，有的则没有恒星分布。为了保证根据星等建立的简化星表一定能够识别最亮星，则星图区域内至少有一颗恒星的星等低于简化星表的星等阈值。现分别选取星等为6等、7等和8等的恒星，考察任意选取的3°×3°区域内不大于该星等的恒星数量，共随机选取20组，恒星的分布结果如图3.7所示。

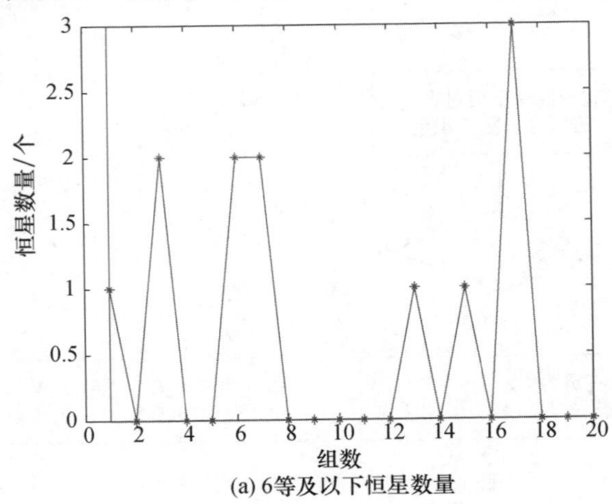

(a) 6等及以下恒星数量

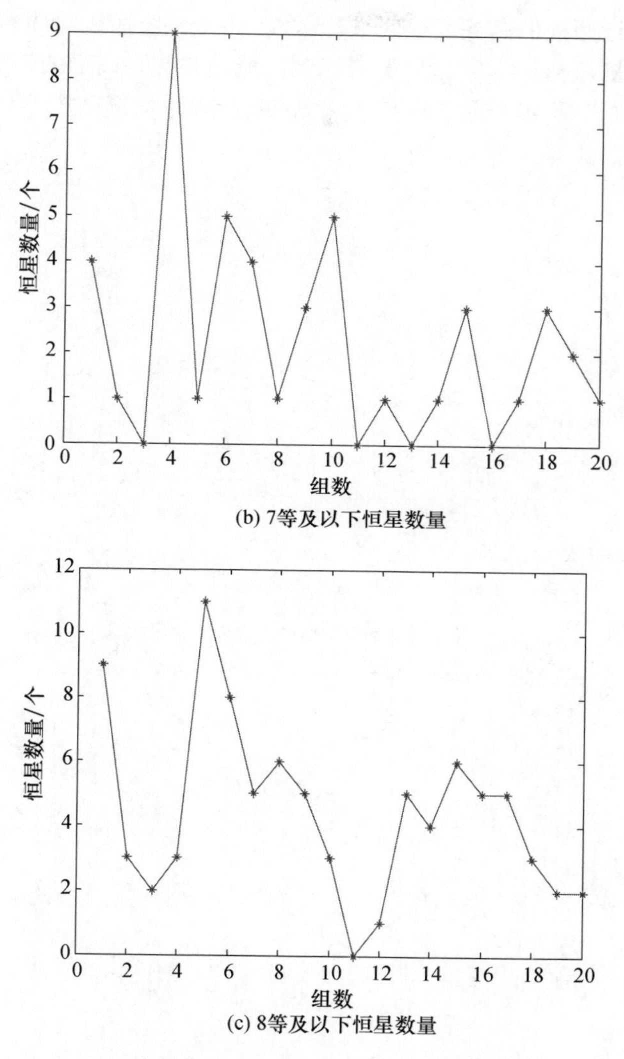

(b) 7等及以下恒星数量

(c) 8等及以下恒星数量

图3.7　不同星等对应的3°×3°区域内的恒星数量

通过图3.7可以得出，星等取6等时，20个随机选取的3°×3°区域中，有13个区域没有6等及以下恒星；取7等时，有4个区域没有7等及以下恒星；取8等时，仅有1个区域没有8等及以下恒星。因此，星等取为8等时，在绝大多数情况下都可以对星图中的最亮星实现识别，仅有极少数情况不可以。

由于恒星在天球上的分布具有区域差异性，因此有必要根据试验区域的不同，对不同星等恒星的分布情况进行专门讨论。图3.7中的3°×3°区域是全天随机选取的，而在实际应用中，因为地面数字天文摄影仪的工作环境温度为-10~50°C，所以很少在靠近两极的高纬度地区进行试验。因此，选择在北纬 60°至南纬 60°之间的区域随机选择 3°×3°区域。考虑到区域内 8 等及以下的恒星数量相对较少，一共进行了 100 组试验，并与全天随机选择的情况进行了对比，结果如图 3.8所示。

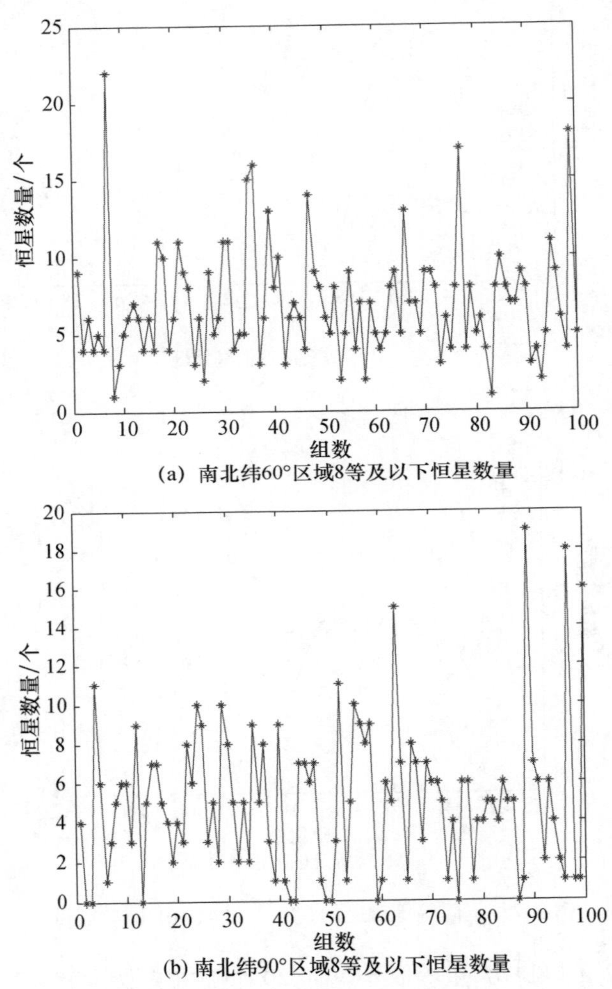

图 3.8　不同纬度范围 3°×3°区域内的 8 等及以下恒星数量

从图 3.8 中可以观察得到，南北纬 60°之间的 3°×3°区域中均含有 8 等及以下恒星，而全天范围中则有 10 组。为了进一步确定南北纬 60°之间选取的区域不包括 8 等及以下恒星情况的数量，随机选取了 10000 个 3°×3°区域，其中区域内不包括 8 等及以下恒星的有 20 组，占 0.2%，可以忽略不计。所以选择 8 等及以下的恒星组成简化星表,可以满足对3°×3°星图中最亮星的识别要求。

在识别出星图中的最亮星后,考察以亮星为中心的6°×6°局部依巴谷星表中恒星数量,共仿真了100组数据,结果如图3.9所示。6°×6°局部星表包含的恒星数量在45～132颗之间,平均值为80.3颗,仅占依巴谷星表恒星数的0.068%,极大地缩小了匹配星表恒星数量,加快了识别速度。

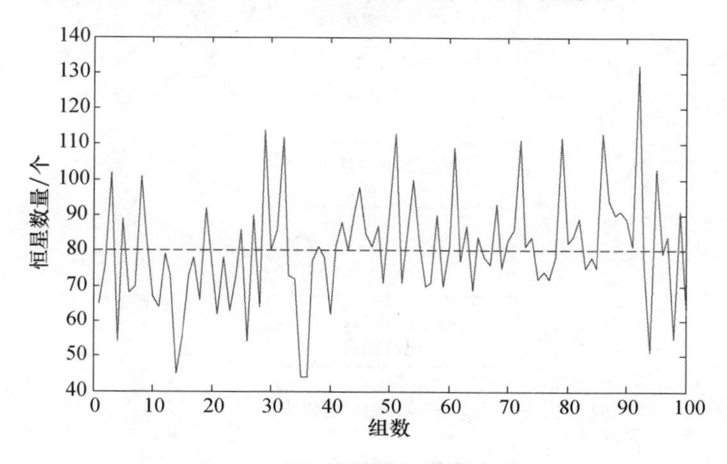

图3.9　6°×6°局部星表内包含的恒星数量

3.1.3　恒星视位置的计算

在构建局部简化星表后,结合历元等信息,完成恒星视位置的解算。恒星的运动分为两部分:自行运动和视向运动。自行一般视为匀速运动,它描述了恒星的角度变化,可以分解为沿球面坐标的赤经运动和赤纬运动。自行用单位时间内运动的角度来衡量,单位为角秒每年。一般情况下恒星的自行都小于0.1″/yr。

恒星在三维空间中的位置由赤经、赤纬和距离描述。恒星的位置主要有以下几种:

(1)恒星的平位置。平位置是星表基本参考点,是某一特定历元下恒星的平位置。

(2)恒星的真位置。真位置是恒星平位置做章动改正后所得到的恒星坐标。

(3)恒星的视位置。恒星视位置是在不考虑大气折射的情况下,从地球质心所看到的恒星坐标。

(4)恒星的地平位置。地平位置是指一个真实观察者从地球表面所观察到的恒星位置,此时未考虑大气折射的影响。

恒星的平位置到某历元视位置的计算,已经形成了一套较为成熟的计算标准,此标准由国际天文联合会发布。恒星视位置计算流程如图 3.10 所示。

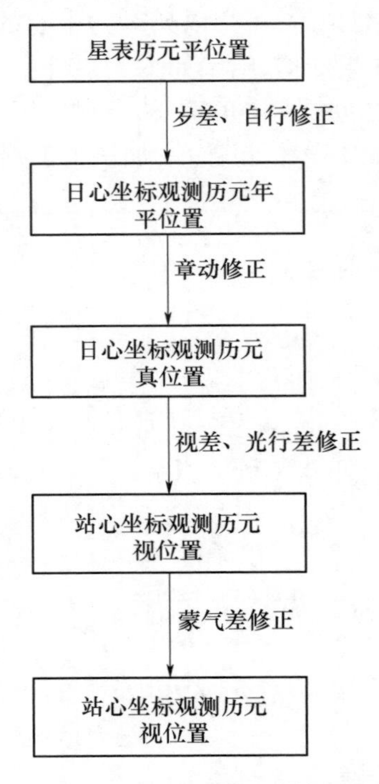

图 3.10 恒星视位置计算流程

在计算恒星视位置时需要将恒星由星表历元下的坐标转换到当前历元,因此研究当前时间的精度对于恒星视位置的影响十分重要。时间误差对于岁差和自行补偿造成的影响为

$$\begin{cases}\Delta\alpha_{t1} = (m + n \cdot \sin\alpha_c \cdot \tan\delta_c)\Delta t + \mu_\alpha \Delta t \\ \Delta\delta_{t1} = n \cdot \cos\alpha_c \Delta t + \mu_\delta \Delta t\end{cases} \tag{3.2}$$

式中:m,n 分别为赤经总岁率和赤纬总岁率,$m = 4612.4362''$,$n = 2004.3109''$;μ_α、μ_δ 分别为恒星的赤经自行和赤纬自行;α_c、δ_c 分别为识别恒星在星表历元下的赤经和赤纬;Δt 为时间误差值。

恒星的自行一般很小,所以由时间误差带来的自行差值几乎可以忽略不计。对式(3.2)进行简化处理后有

$$\begin{cases}\Delta\alpha_{t1} < (m + n \cdot \tan\delta_0) \cdot \Delta t \\ \Delta\delta_{t1} < n \cdot \Delta t\end{cases} \tag{3.3}$$

通过对式(3.3)进行分析可知,每分钟时间误差造成的岁差和自行的补偿值变化量在 0.0001″的数量级。

时间误差也会影响到章动的补偿,经章动改正后的恒星真位置坐标(α_z,δ_z)为

$$\begin{cases}\alpha_z = \alpha_p + \Delta\psi(\cos\varepsilon + \sin\varepsilon \cdot \sin\alpha_p \cdot \tan\delta_p) - \Delta\varepsilon \cdot \tan\delta_p \cdot \cos\alpha_p \\ \delta_z = \delta_p + \Delta\psi \cdot \sin\varepsilon \cdot \cos\alpha_p + \Delta\varepsilon \cdot \sin\alpha_p\end{cases} \tag{3.4}$$

式中:(α_p,δ_p)为经过岁差和自行修正后的恒星平位置坐标;ε 为平黄交角;$\Delta\psi$、$\Delta\varepsilon$ 为黄经章动与交角章动。其中,ε、$\Delta\psi$ 与 $\Delta\varepsilon$ 均为时间的函数,分析可得时间误差对于章动补偿的影响值可近似为

$$\begin{cases}\Delta\alpha_{t2} = \Delta\psi_t(\cos\varepsilon + \sin\varepsilon \cdot \sin\alpha_p \cdot \tan\delta_p) - \Delta\varepsilon_t \cdot \tan\delta_p \cdot \cos\alpha_p \\ \Delta\delta_{t2} = \Delta\psi_t \cdot \sin\varepsilon \cdot \cos\alpha_p + \Delta\varepsilon_t \cdot \sin\alpha_p\end{cases} \tag{3.5}$$

式中:$\Delta\psi_t$、$\Delta\varepsilon_t$ 分别为由时间误差值带来的黄经章动和交角章动的变化值。其中有

$$\begin{cases}\Delta\psi_t < 1.1'' \times 10^{-5}\Delta t \\ \Delta\varepsilon_t < 5.88'' \times 10^{-6}\Delta t\end{cases} \tag{3.6}$$

联立式(3.5)和式(3.6)可知,由每分钟时间误差造成的章动值的变化量在0.00001″的数量级。

在对恒星视位置进行计算时,视差的补偿是可以忽略的。这里主要讨论光行差对于恒星视位置的影响。经过周年光行差补偿后的恒星视位置坐标为(α_s,δ_s),则有

$$\begin{cases}\alpha_s = \alpha_z - k[(\sin l - e \cdot \sin\omega)\sin\alpha_z + (\cos l - e \cdot \cos\omega)\cos\varepsilon \cdot \cos\alpha_z]/\cos\delta_z \\ \delta_s = \delta_z - k[(\sin l - e \cdot \sin\omega)\cos\alpha_z \cdot \sin\delta_z + (\cos l - e \cdot \cos\omega) \cdot \cos\varepsilon \\ \qquad (\tan\varepsilon \cdot \cos\delta_z - \sin\alpha_z \cdot \sin\delta_z)]\end{cases} \tag{3.7}$$

式中:k 为光行差常数;ω 为近点角距;l 为太阳地心真黄经;e 为太阳平近点的偏心率。其中 ω、l 及 e 均是时间的函数。由于每分钟时间误差带来的 ω、l 及 e 的变化的数量级均在 10^{-5},分析后可得由于每分钟时间误差带来的光行差补偿值的变化量均在0.00001″的数量级。

由时间误差带来的恒星视位置经纬度的误差为

$$\begin{cases}\Delta\alpha_c = \Delta\alpha_{t1} + \Delta\alpha_{t2} + \Delta\alpha_{t3} \\ \Delta\delta_c = \Delta\delta_{t1} + \Delta\delta_{t2} + \Delta\delta_{t3}\end{cases} \tag{3.8}$$

对岁差、自行、章动以及视差和光行差进行综合分析可知,当时间误差值在10min左右时,恒星视位置的误差要小于0.001″的数量级,即 $\Delta\alpha_c \leqslant 0.001''$,$\Delta\delta_c \leqslant 0.001''$。此时可以认为10min以内的时间差值对于恒星视位置的影响是可以忽略不计的。

3.2 基于最优阈值的三角形识别算法

由于三角形星图识别方法成熟且可靠性高,所以在星敏感器等天文设备中有广泛的运用。在对三角形星图识别算法进行改进时,通过构建星点的径向特征进行初始识别,在初始识别结果基础上完成后续的三角形星图识别,这样既减小了计算量,同时使识别的效率更高。

3.2.1 星点径向特征的构建

在进行星图识别时,通过识别星点和导航星的几何分布分别构建识别星点与导航星的唯一"描述量",通过几何描述量对拍摄的星点进行初始识别。

如图 3.11 所示,这里把待识别恒星 S 作为中心,选择识别半径 R,将半径 R 内的圆形区域作为径向特征区域。将径向特征区域划分为等间距的圆环,圆环宽为 Δr,以待识别星 S 为中心沿径向向外的圆环依次为 G_1、G_2、…、G_{Nq}。分别计算特征区域内恒星与待识别星 S 之间的角距,确定该恒星所处的圆环,并将此圆环的特征值记为 1。径向特征量表示为 $A=(B_1,B_2,\cdots,B_j,\cdots,B_{N_q})(j=1,2,\cdots,N_q)$。当 $B_j=1$ 时,表示在该环带里存在着恒星星点;当 $B_j=0$ 时,表示在该环带里没有恒星星点。

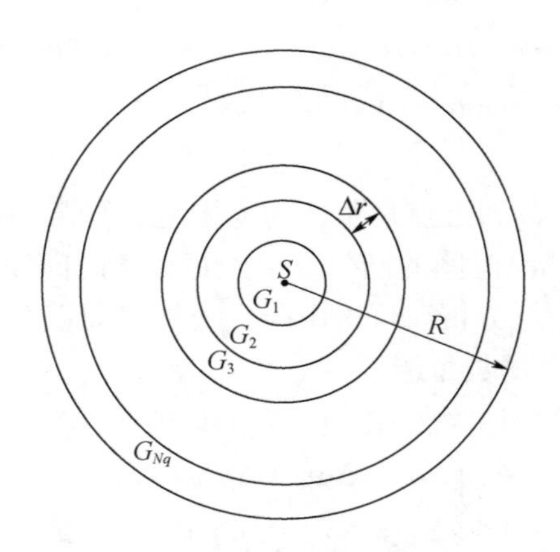

图 3.11　星点径向特征

为了更加细致准确地对星点的几何分布进行描述,在选取识别半径 R 和圆环宽 Δr 时,首先,分别计算提取恒星星点角距以及导航星之间的角距,选取最大的角距值作为识别半径 R,选取最小的角距值作为圆环宽 Δr,从而分辨出每一颗星点。如图 3.12 所示,任意两颗导航星之间的角距为 $d(i,j)$。

$$d(i,j) = \arccos(\frac{s_i s_j}{|s_i||s_j|}) \tag{3.9}$$

式中：$s_i = \begin{pmatrix} \cos\alpha_i \cos\delta_i \\ \cos\alpha_i \cos\delta_i \\ \sin\delta_i \end{pmatrix}, s_j = \begin{pmatrix} \cos\alpha_j \cos\delta_j \\ \cos\alpha_j \cos\delta_j \\ \sin\delta_j \end{pmatrix}$，$(\alpha,\beta)$为视场范围内导航星的天文坐标。

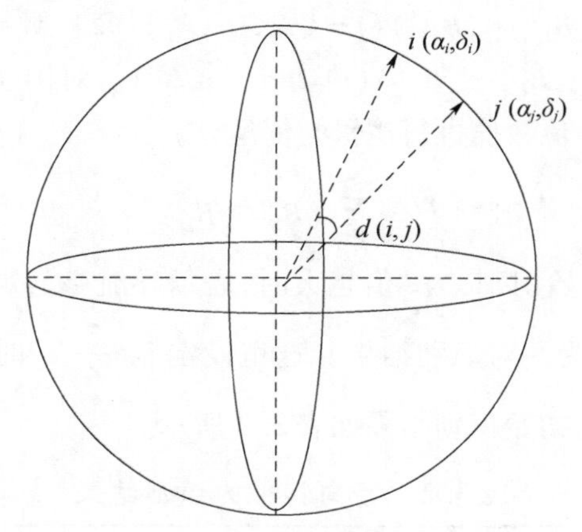

图 3.12　导航星之间的角距

如图 3.13 所示，在 CCD 芯片上每两颗恒星星点之间的角距为 d_m^{ij}。

$$d_m^{ij} = \arccos(\frac{k_i k_j}{|k_i||k_j|}) \tag{3.10}$$

式中：$k_i = \frac{1}{\sqrt{x_i^2 + y_i^2 + f^2}} \begin{pmatrix} x_i \\ y_i \\ -f \end{pmatrix}, k_j = \frac{1}{\sqrt{x_j^2 + y_j^2 + f^2}} \begin{pmatrix} x_j \\ y_j \\ -f \end{pmatrix}$，$(x,y)$为拍摄星点的图像坐标，$f$ 为仪器的焦距。

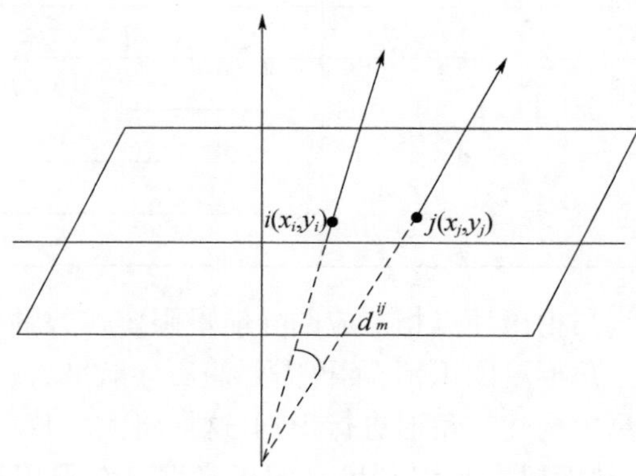

图 3.13　恒星星点之间的角距

这里选取的识别半径 R 和圆环宽 Δr 分别为

$$\begin{cases} R = \max(d(i,j), d_m^{ij}) \\ \Delta r = \min(d(i,j), d_m^{ij}) \end{cases} \tag{3.11}$$

显然,圆环数目 $N_q = \text{int}(R/\Delta r)$,int 表示向上取整。依据计算的恒星角距值和圆环宽对星点的几何分布进行描述,构建的每一颗观测星点 k 的径向特征量为 $A_{kj} = (B_{k1}, B_{k2}, \cdots, B_{kj}, \cdots, B_{kN_q})(j = 1, 2, \cdots, N_q)$,每一颗导航星 i 的径向特征量为 $A_{ij} = (B_{i1}, B_{i2}, \cdots, B_{ij}, \cdots, B_{iN_q})(j = 1, 2, \cdots, N_q)$。对构建的导航星与观测星的径向特征量的每一位数值进行逻辑与值运算。

$$l = \sum_{j=1}^{N_q} (B_{ij} \cap B_{kj}) \tag{3.12}$$

通过 l 值进行初始识别,当 l 值越大时,表示导航星与观测星之间的几何分布相似度越高,可能为一对识别结果。这里设定 $l \geqslant \frac{3}{4} N_q$ 时为一对初始识别结果。基于径向特征的初始识别结果如表 3.2 所示。

表 3.2　径向特征的识别结果

观测星点	导航星
(x_1, y_1)	$(\alpha_{11}, \beta_{11})$
	$(\alpha_{12}, \beta_{12})$
	$\vdots$
	$(\alpha_{1m}, \beta_{1m})$
(x_2, y_2)	$(\alpha_{21}, \beta_{21})$
	$(\alpha_{22}, \beta_{22})$
	$\vdots$
	$(\alpha_{2m}, \beta_{2m})$
$\vdots$	$\vdots$
(x_n, y_n)	$(\alpha_{n1}, \beta_{n1})$
	$(\alpha_{n2}, \beta_{n2})$
	$\vdots$
	$(\alpha_{nm}, \beta_{nm})$

初始识别结果将与拍摄星点相对应的导航星限定在数颗上,如表 3.2 所示。在此基础上再进行三角形星图识别,不再需要遍历导航星表,只需在初始识别后的观测星点和导航星中构建三角形进行识别,这样将大大减小冗余匹配,使识别的过程更具针对性,从而提高了识别星点的正确性。在采用三角形星图识别算

法做后续识别时,需要设定识别阈值,下面将对识别阈值进行分析。

3.2.2　识别阈值的选取分析

在采用三角形星图识别方法进行星图识别时,需要设定识别阈值。当选取的识别阈值较大时,识别的星点数量较多,易出现星点的误匹配;当选取的识别阈值较小时,将直接导致识别的星点数据较少。

目前,对于三角形星图识别阈值的研究相对较少,识别阈值的选取大多依靠经验值,具有一定的随意性,往往不能达到较好的识别效果。为有效提高识别恒星的数量以及正确性,对识别阈值的研究显得十分重要。三角形星图识别算法为边-边-边匹配模式,如图3.14所示。

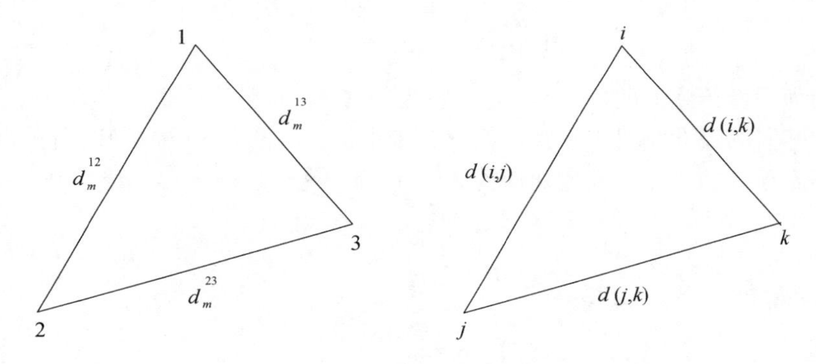

图3.14　三角形匹配

若由拍摄星点构成的观测三角形与星表中的导航三角形能够匹配,则必须同时满足:

$$\begin{cases} |d(i,j) - d_m^{12}| \leqslant \varepsilon \\ |d(j,k) - d_m^{23}| \leqslant \varepsilon \\ |d(i,k) - d_m^{13}| \leqslant \varepsilon \end{cases} \tag{3.13}$$

式中:d_m^{12}、d_m^{13} 和 d_m^{23} 为观测三角形对应的角距,$d(i,j)$、$d(j,k)$ 和 $d(i,k)$ 表示导航三角形对应的角距,ε 为设定的识别阈值。

一般情况下,星表中的星点数据比较稳定,也就是说通过星表计算得到的导航星的角距值可认为是准确的。之所以存在识别阈值 ε,就是由于图像传感器上的恒星像点的图像坐标存在着误差。如图3.15所示,理想状态下星点的位置为 i 和 j,由于存在着误差,导致恒星像点的图像坐标发生偏移,实际上恒星像点的位置为 i' 和 j'。为此,进行星图识别时必须设定合理的阈值 ε,也就是保证由于星点图像坐标变化导致的角距量在识别阈值以内。

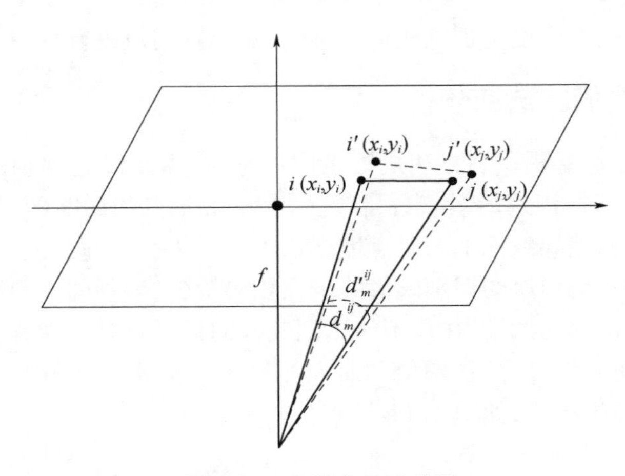

图 3.15　角距变化示意图

因为图像传感器的尺寸较小,一般为数毫米,而星敏感器的焦距值 f 较大,图像传感器的尺寸相对于焦距值而言属于小量。从图 3.15 中可知,由星点图像坐标误差导致的星点距离变化值为 Δl,角距的变化量 $\theta=|d_m^{ij}-d'^{ij}_m|$,则有

$$\frac{f\theta}{180}\pi=\Delta l \tag{3.14}$$

可得

$$\theta=\frac{180\Delta l}{\pi f} \tag{3.15}$$

星点角距的变化量 θ 与星点图像坐标之间的距离变化值 Δl 直接相关。星点之间距离的变化主要受星点提取误差及噪声等导致的图像坐标误差值 Δr 的影响,如图 3.16 所示。

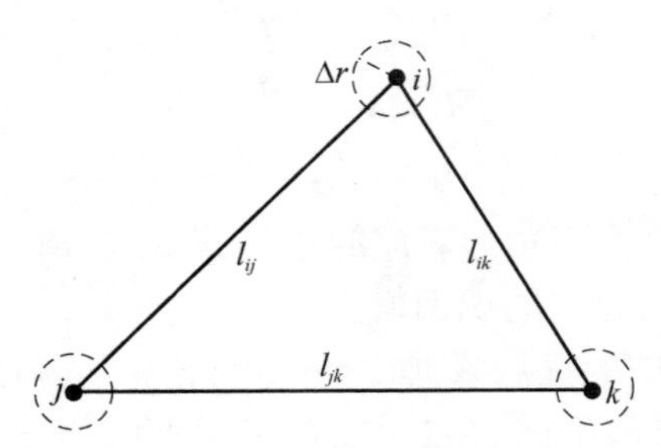

图 3.16　星点图像坐标之间距离变化

在选取识别阈值时,一方面要保证识别星点的准确性,此时要求选取较小的阈值,即星图识别的阈值 ε 要小于或等于星点角距的变化值 θ;另一方面,为了提高识别星点的数量,此时要求选取较大的识别阈值。综合考虑星图识别的准

确性和识别星点的数量,结合式(3.15),选取 $\varepsilon=\theta_{\max}$。由图3.16可知,两颗星点之间距离的变化值 Δl 最大为 $2\Delta r_{\max}$,所以阈值 ε 选取值为

$$\varepsilon=\theta_{\max}=\frac{360\Delta r_{\max}}{\pi f} \tag{3.16}$$

3.2.3　仿真与试验数据分析

这里通过仿真与试验数据分别对三角形星图识别的识别阈值进行研究与分析。由仿真数据可建立恒星像点与导航星点之间的准确对应关系。这样改变阈值后进行星图识别,将识别结果与仿真的对应关系进行比较,可以直观地展现出识别阈值对于三角形星图识别的影响。之后,再通过试验数据进行进一步研究。

1. 仿真数据分析

本书进行了多组数据的仿真试验,由于篇幅所限,这里只给出一组仿真数据的结果。以(108°,34°)为中心,仿真出4°×4°范围内的星点数据。这里设定的星点提取及噪声等误差导致的星点图像坐标误差 Δr 值在0.5pixel以内,仿真的星点数据与导航星数据如表3.3所示。

表3.3　仿真的星点数据

序号	恒星像点		恒星天文坐标	
	图像坐标 x/pixel	图像坐标 y/pixel	天文经度/(°)	天文纬度/(°)
1	1303.321	3712.894	107.2354	33.9581
2	1379.950	3921.460	107.0364	34.0546
3	732.742	3420.629	107.4272	33.4302
4	2725.060	3459.896	107.7629	35.1217
5	3473.851	3507.851	107.8581	35.7619
6	3855.800	3079.531	108.3803	36.0161
7	1929.761	1611.214	109.5013	34.1462
8	2038.888	2505.444	108.6102	34.3884
9	2095.317	1554.487	109.5936	34.2758
10	3129.918	1422.245	109.9481	35.1245
11	2800.351	962.432	110.3492	34.7655
12	2713.147	668.032	110.6313	34.6396
13	2261.065	479.983	110.7234	34.2254
14	2989.666	440.333	110.9257	34.8303
15	1758.854	433.048	110.6610	33.7943

由式(3.16)可知星图识别阈值的最优值为 8.6×10^{-4}。为了对三角形星图识别的阈值进行研究,将仿真的星点数据与星表数据联合进行星图识别,改变星图识别的阈值研究识别星点的数量与准确性,星图识别的结果如图 3.17 所示。从图 3.17 中可以看出,当星图识别的阈值逐渐增大时,识别的星点数量在增多,但是识别的正确率在逐渐降低。当识别的阈值处于 8.6×10^{-4} 附近时,星图识别的阈值与数量都能得到有效的保证。显然,8.6×10^{-4} 可作为识别阈值的最优值。

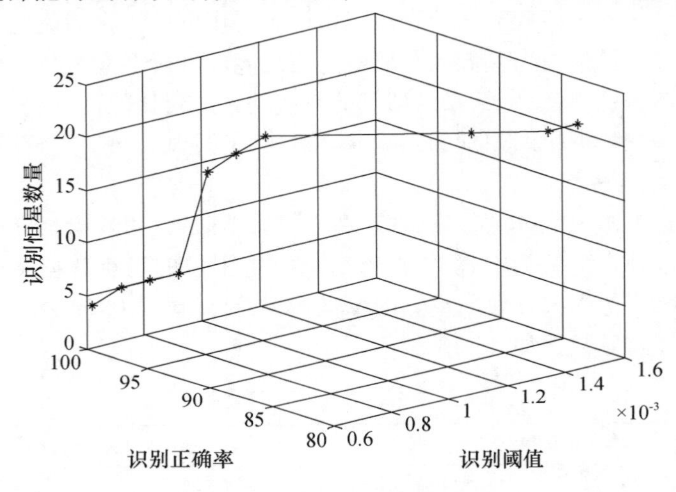

图 3.17 识别星点的数量及准确性

2. 试验数据分析

试验过程中采用的星敏感器的视场角大小为 3°×3°,焦距值为 600mm,这里采用的 CCD 为 KAF-16803 全画幅图像传感器,分辨率为 4096×4096,像素大小为 9μm。这里只给出部分试验结果。拍摄的一幅恒星星图如图 3.18 所示。

图 3.18 恒星星图

恒星质心提取的精度为0.1~0.15pixel，噪声及成像畸变等带来的星点位置误差在0.3~0.5pixel，也就是说星点图像坐标的误差值 $0.15 \leqslant |\Delta r| \leqslant 0.65$。结合式(3.16)可得识别阈值 $\varepsilon = 1.12 \times 10^{-3}$，这时识别的星点数据如表3.4所示。

表3.4　星图识别数据

序号	恒星像点		恒星天文坐标	
	图像坐标 x/pixel	图像坐标 y/pixel	天文经度/(°)	天文纬度/(°)
1	2004.69	3772.15	107.636	33.430
2	3013.80	3784.94	107.030	34.137
3	2816.90	3670.30	107.245	34.054
4	2615.43	3576.5	107.444	33.958
5	1389.63	3262.9	108.425	33.240
6	1575.91	1644.8	109.710	34.146
7	2284.39	2201.90	108.819	34.388
8	1653.10	1488.10	109.802	34.275
9	1012.41	609.07	110.932	34.225
10	1734.45	570.67	110.558	34.765
11	623.06	930.80	110.869	33.794
12	1465.18	423.47	110.840	34.639
13	2292.79	664.37	110.157	35.124
14	1500.281	66.718	111.134	34.830

由表3.4可知，此时识别出的恒星数量为14颗。逐渐改变识别阈值 ε，当阈值变小时，识别星点的数目在减少；当增大识别阈值时，会导致星点的误匹配。这里给出了识别阈值 $\varepsilon = 1.4 \times 10^{-3}$ 时的数据，此时识别的恒星数量为19颗，但是此时存在着两颗恒星像点对应一颗导航星的情况，如图3.19所示，也就是说当选取的阈值较大时，直接会带来星点的误识别。

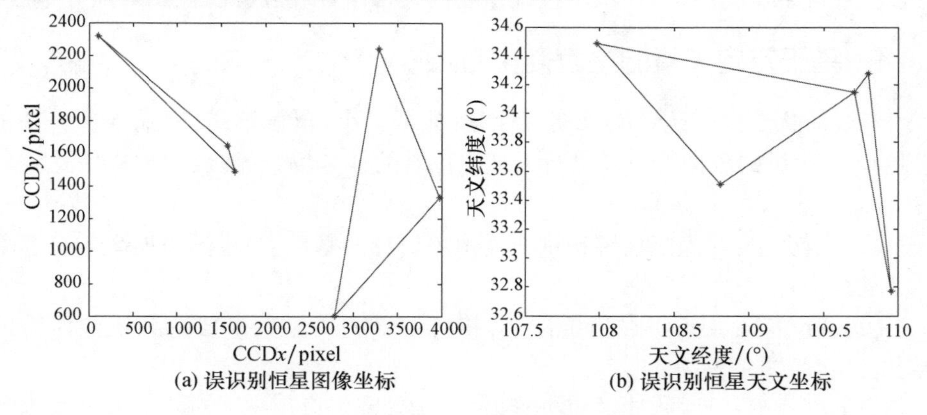

(a) 误识别恒星图像坐标　　(b) 误识别恒星天文坐标

图3.19　误识别的恒星

随着星图识别阈值 ε 的变化,误匹配的星点数量在逐渐增加。误匹配的星点数量随阈值 ε 的变化如图 3.20 所示。

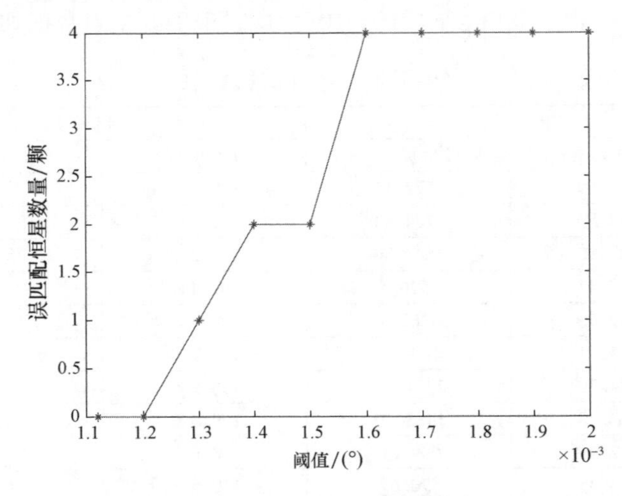

图 3.20　误匹配的恒星数量

从图 3.20 中可知,识别阈值的选取对于星图识别至关重要。因此,为了提高识别恒星的数量和正确性,必须根据恒星像点的误差值合理选择识别的阈值,即应选取识别阈值的最优值。

3.3　方向矢量下的星图识别方法

当地面数字天文摄影仪完成星图的拍摄后,构造出导航三角形。这里构建投影值进行星点的匹配,该识别过程主要由投影值计算和匹配识别两部分组成。

3.3.1　基于方向矢量的星表简化方法

星表简化至少需达到的预期目标是:数据量小、覆盖率高、模式唯一。基于仪器 CCD 相机的成像特点及进行天文定位时的任务场景,星表数据库应达到如下指标。

(1) 数据量:在满足星图识别所需恒星信息的基础上,星图数据库的总容量要尽量减小。

(2) 覆盖率:在任何观测条件下,相机拍摄的恒星数量要达到定位所需的要求。

(3) 模式唯一性:构建的每个导航三角形,都可以用一一对应的特征数据量唯一表示出其特征形态。

因此,需要事先对星表恒星进行选取导航星三角形和构建特征星表的处理。

为了减小计算量,任意选取其中 3 颗星组成星三角形,并获得该 3 颗恒星在天体坐标系下的方向矢量 $\boldsymbol{r}_1$、$\boldsymbol{r}_2$、$\boldsymbol{r}_3$,其中 $|\boldsymbol{r}_1| = |\boldsymbol{r}_2| = |\boldsymbol{r}_3| = 1$,设向量 $\boldsymbol{r}_1\ \boldsymbol{r}_2$ 夹角为 α,$\boldsymbol{r}_2\ \boldsymbol{r}_3$ 夹角为 β,$\boldsymbol{r}_1\ \boldsymbol{r}_3$ 夹角为 γ,如图 3.21 所示。

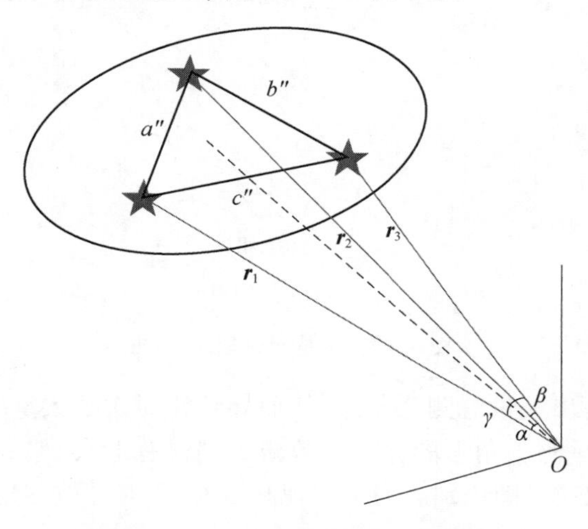

图 3.21　恒星三角形矢量示意图

那么由 $\boldsymbol{r}_1$、$\boldsymbol{r}_2$、$\boldsymbol{r}_3$ 所构成的平面三角形的边长为

$$\begin{cases} a'' = \sqrt{2 - 2\cos\alpha} \\ b'' = \sqrt{2 - 2\cos\beta} \\ c'' = \sqrt{2 - 2\cos\gamma} \end{cases} \tag{3.17}$$

如图 3.22 所示,分别选取每颗定位星为主星 M_1,将主星位置确定为数字天顶仪视轴位置,在视场范围内提取从星 N_1,根据式(3.17)可得主星与视场中从星之间的距离,根据观测视场可得主从星间的夹角极大值。根据图像传感器的分辨率限制设定主从星间的夹角极小值为0.5°。这种计算方式会使计算结果非常小,导致后续计算误差较大,因此为了减小这种误差的影响,将所有求得的主从星间的距离结果乘以固定系数 100。导航三角形的选取过程为:先由主从星间距离对恒星进行筛选,把这部分从星按照与主星的距离进行大小排列,只选取与主星距离最小的 3 颗恒星,利用这些从星与主星构建导航三角形,最后剔除掉重复的三角形,即可得到最终的导航三角形星表。

利用传统的平面三角形匹配法进行星图识别时,都是将相机拍摄星图中的星图星三角形和已知星表中的导航星三角形进行边长的比对,最多需要比对 6 次才能比对完毕,至少也得比对 3 次。数字天顶仪拍摄的恒星星图中含有上百颗恒星,满足识别条件的也能达到 25 颗左右,如果根据传统的三角形星图

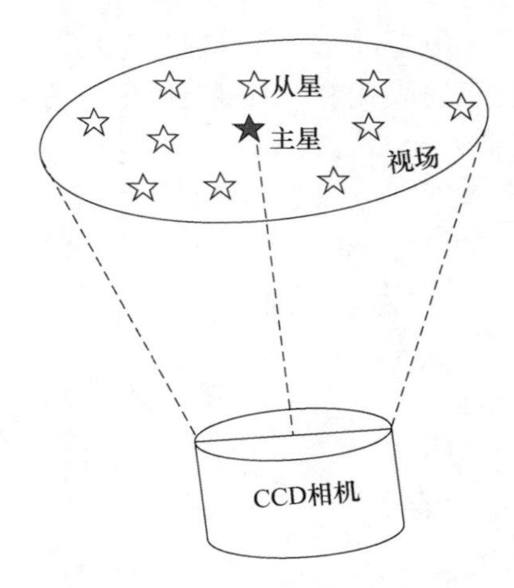

图 3.22　主从星选取示意图

识别原理，会构建出大量观测三角形，从而导致比对次数大量增加，最多可达上千次。若将每个星图三角形的比对次数减少到仅有 1 次，那么将有效缩短边长比对时间，实现快速星图识别。为了实现此目的，需对导航三角形做主成分分析处理。

任取一个构建的导航三角形，可由标志向量 $\boldsymbol{t}_i$ 进行唯一标识，$\boldsymbol{t}_i = [a''_i \quad b''_i \quad c'']^{\mathrm{T}}$，其中 a''_i、b''_i、c''_i 是三角形的边长，标志向量可以看成三维空间中的一个点，那么所有导航三角形标志向量可构成矩阵 $\boldsymbol{M} = [\boldsymbol{t}_1\ \boldsymbol{t}_2 \cdots \boldsymbol{t}_i \cdots \boldsymbol{t}_n]$，$\boldsymbol{M}$ 为 $3\times n$ 的矩阵，可以将所有的标志向量看成一个点集，将这些标志向量向一条直线 K 上投影，如果这些投影点比较分散，那么根据投影点就能找到唯一的导航三角形，由此达到降维、缩短比对次数的目的。矩阵 $\boldsymbol{M}$ 主成分分析处理的流程如下。

（1）计算所有投影点的均值和标准偏差。假设投影直线 A 的方向为 $\boldsymbol{\Omega} = (\omega_1\omega_2\omega_3)^{\mathrm{T}}$，计算点集 $\boldsymbol{M}$ 中投影点的坐标为

$$\boldsymbol{P}_i = \boldsymbol{\Omega}^{\mathrm{T}}\,\boldsymbol{t}_i = \omega_1 a''_i + \omega_2 b''_i + \omega_3 c''_i \tag{3.18}$$

投影点的均值为

$$\overline{\boldsymbol{P}} = \frac{1}{n}\sum_{i=1}^{n}\boldsymbol{P}_i = \frac{1}{n}\sum_{i=1}^{n}\boldsymbol{\Omega}^{\mathrm{T}}\,\boldsymbol{t}_i \tag{3.19}$$

投影点标准偏差为

$$\begin{aligned} D(P) &= \frac{1}{n}\sum_{i=1}^{n}(\boldsymbol{P}_i - \overline{\boldsymbol{P}})^2 = \frac{1}{n}\sum_{i=1}^{n}(\boldsymbol{P}_i^2 - 2\,\boldsymbol{P}_i\overline{\boldsymbol{P}} + \overline{\boldsymbol{P}}^2) = \frac{1}{n}\sum_{i=1}^{n}(\boldsymbol{\Omega}^{\mathrm{T}}\,\boldsymbol{t}_i)^2 - \overline{\boldsymbol{P}}^2 \\ &= \frac{1}{n}\sum_{i=1}^{n}(\boldsymbol{\Omega}^{\mathrm{T}}\,\boldsymbol{t}_i\cdot\boldsymbol{t}_i^{\mathrm{T}}\boldsymbol{\Omega}) - \overline{\boldsymbol{P}}^2 = \boldsymbol{\Omega}^{\mathrm{T}}\frac{1}{n}\sum_{i=1}^{n}(\boldsymbol{t}_i\cdot\boldsymbol{t}_i^{\mathrm{T}})\boldsymbol{\Omega} - \overline{\boldsymbol{P}}^2 \qquad (1\leqslant i\leqslant n) \end{aligned} \tag{3.20}$$

式中，n 为投影点的数量。如果标准偏差 $D(P)$ 越大，则说明投影到该条直线 A 上的点能够离散得越好，那么称该直线为最优投影轴，所以问题就进一步转化为解算最优投影方向的优化问题。

(2) 求解最优投影轴方向。为了解算方便，可以加上约束条件 $\|\boldsymbol{\Omega}\|^2 = \boldsymbol{\Omega}^{\mathrm{T}}\boldsymbol{\Omega} = 1$，而不影响计算结果。因此优化问题可表述为

$$\begin{cases} \max(D(P)) = \max\left(\boldsymbol{\Omega}^{\mathrm{T}} \dfrac{1}{n}\sum_{i=1}^{n}(\boldsymbol{t}_i \cdot \boldsymbol{t}_i^{\mathrm{T}})\boldsymbol{\Omega}\right) = \max(\boldsymbol{\Omega}^{\mathrm{T}}\boldsymbol{Z}\boldsymbol{\Omega}) \\ \|\boldsymbol{\Omega}\|^2 = \boldsymbol{\Omega}^{\mathrm{T}}\boldsymbol{\Omega} = 1 \end{cases} \tag{3.21}$$

式中：$\boldsymbol{Z}$ 为对称矩阵 $\dfrac{1}{n}\sum_{i=1}^{n}(\boldsymbol{t}_i \cdot \boldsymbol{t}_i^{\mathrm{T}})$。那么可以定义 L 函数为

$$L(\boldsymbol{\Omega},\lambda) = \boldsymbol{\Omega}^{\mathrm{T}}\boldsymbol{Z}\boldsymbol{\Omega} - \lambda(\boldsymbol{\Omega}^{\mathrm{T}}\boldsymbol{\Omega} - 1) \tag{3.22}$$

由数学相关知识可知，此时极值点存在的必要条件为

$$\begin{cases} \dfrac{\partial(L(\boldsymbol{\Omega},\lambda))}{\partial(\boldsymbol{\Omega})} = 0 \\ \dfrac{\partial(L(\boldsymbol{\Omega},\lambda))}{\partial(\lambda)} = 0 \end{cases} \tag{3.23}$$

即

$$\begin{cases} 2\boldsymbol{Z}\boldsymbol{\Omega} - 2\lambda\boldsymbol{\Omega} = 0 \\ \boldsymbol{\Omega}^{\mathrm{T}}\boldsymbol{\Omega} - 1 = 0 \end{cases} \tag{3.24}$$

而 $\boldsymbol{\Omega}^{\mathrm{T}}\boldsymbol{\Omega} - 1 = 0$ 为已知假设条件，必然成立，则上式可转化为 $\boldsymbol{Z}\boldsymbol{\Omega} = \lambda\boldsymbol{\Omega}$，$\lambda$ 和 $\boldsymbol{\Omega}$ 是对称矩阵 $\boldsymbol{Z}$ 的特征值和特征向量，问题进一步转化为求解对称值和对称向量的问题。

(3) 求解最优投影轴。根据上述分析，目标函数 $\max(\boldsymbol{\Omega}^{\mathrm{T}}\boldsymbol{Z}\boldsymbol{\Omega})$ 可以等价为

$$\max(\boldsymbol{\Omega}^{\mathrm{T}}\boldsymbol{Z}\boldsymbol{\Omega}) = \max(\boldsymbol{\Omega}^{\mathrm{T}}\lambda\boldsymbol{\Omega}) = \max(\lambda\,\boldsymbol{\Omega}^{\mathrm{T}}\boldsymbol{\Omega}) = \max(\lambda) \tag{3.25}$$

由式(3.25)可以看出，目标函数的最大值就是对称矩阵 $\boldsymbol{Z}$ 的最大值，此时最优投影轴方向就是矩阵 $\boldsymbol{Z}$ 最大特征值对应的特征向量，设定为 $\boldsymbol{u}_{\max}$，投影直线设定为 A。

上述构建的导航三角形标志向量在投影直线 A 上的特征投影值为

$$P_i = \boldsymbol{u}_{\max}^{\mathrm{T}}\boldsymbol{t}_i \tag{3.26}$$

式中：P_i 为第 i 个导航三角形标志向量的投影值。

(4) 导航星表的构建。任意导航三角形的标志向量在投影直线 A 上有唯一的投影值。因此将所有导航三角形的投影值、星号和三角形边长作为一条数据输出，所有的数据记录是按照索引号按由小到大进行排序的，导航星表的存储结构如表3.5所示，其中 f' 代表索引号，P 代表标志向量的特征向量值，i_1、i_2、i_3 代表导航三角形的三星星号，a''、b''、c'' 代表三角形的三边长。

表 3.5　特征值索引表(部分)

f'	P	i_1	i_2	i_3	a''	b''	c''
942	4.877421	5637	5645	5641	3.99275	3.803375	3.303671
943	4.858847	25159	25168	25154	3.37146	1.748112	2.177468
944	4.828238	50168	50172	50156	1.180133	1.668703	2.102824
945	4.825289	653	648	657	3.291993	3.976566	2.011687
946	4.816382	32964	32970	32968	3.258244	1.607148	1.627375
947	4.813681	41584	41567	41581	3.153841	1.546733	3.968207
948	4.791297	2543	2549	2536	1.96495	1.401622	3.94936
949	4.788609	9238	9233	9229	1.931432	1.372078	3.901753
950	4.780294	712	706	723	2.304512	3.488634	1.973081
951	4.779861	15649	15953	15638	3.678501	3.465743	1.972574
952	4.773901	4385	4376	4369	3.527764	3.434627	3.087933
953	4.766142	961	954	968	3.52443	3.371174	3.004891
954	4.750777	8426	8430	8421	2.430857	1.899036	3.717689
955	4.743485	13768	13759	13764	2.406749	1.816652	2.262245
956	4.742449	22634	22639	22658	2.362055	1.805645	2.229071
957	4.739237	35263	35267	35271	2.36031	1.725373	2.164261

在求解出最优投影轴和构造出特征值索引表后,可以得到图 3.23 所示的特征向量空间分布图和图 3.24 所示的特征向量投影值平面分布图。由图 3.23 可得任意一个标志向量的投影点在投影直线中有且只有一个特征投影值相对应,不会出现一对多的情况。从图 3.24 可得每个三角形的索引值与其特征投影值也是一一对应的关系,由此满足了导航星表模式唯一的要求。

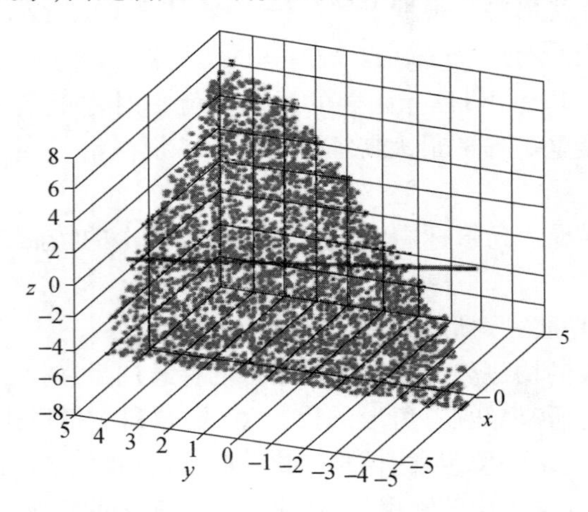

图 3.23　特征向量空间分布图

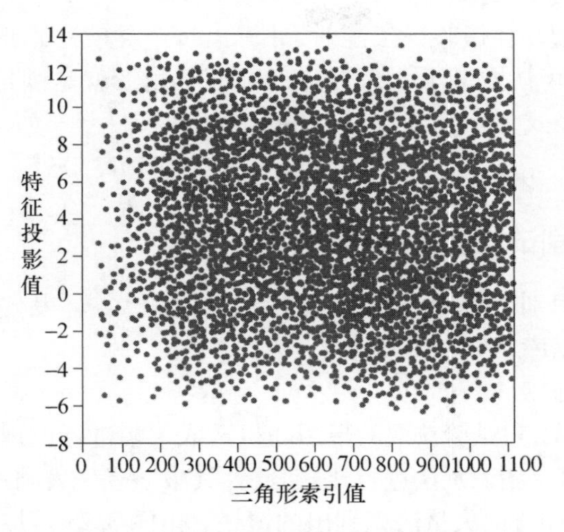

图 3.24　特征向量投影值平面分布图

3.3.2　观测三角形投影值的计算

首先构造出导航三角形与特征星表,得出全部导航三角形边长的均值 $\bar{a}$、$\bar{b}$、$\bar{c}$,由它们组成方向向量 $\bar{\boldsymbol{t}}=[\bar{a}\ \bar{b}\ \bar{c}]^{\mathrm{T}}$,同时由主成分分析可得投影直线 A 的方向向量为 $\boldsymbol{u}_{\max}=[\omega_1\omega_2\omega_3]$,将观测三角形三边的方向矢量记作 $\boldsymbol{r}_1{}'$、$\boldsymbol{r}_2{}'$、$\boldsymbol{r}_3{}'$,计算出观测三角形的三边长为

$$\begin{cases}a'=|\boldsymbol{r}_1{}'-\boldsymbol{r}_2{}'|\\ b'=|\boldsymbol{r}_2{}'-\boldsymbol{r}_3{}'|\\ c'=|\boldsymbol{r}_3{}'-\boldsymbol{r}_1{}'|\end{cases}\tag{3.27}$$

设观测三角形的标志向量为 $\boldsymbol{t}'=[a'\ b'\ c']^{\mathrm{T}}$,可得该三角形标志向量在投影直线上的投影大小为

$$P'=(\boldsymbol{t}'-\bar{\boldsymbol{t}})\boldsymbol{\Omega}_{\max}^{\mathrm{T}}=\omega_1a'+\omega_2b'+\omega_3c'-\omega_1\bar{a}-\omega_2\bar{b}-\omega_3\bar{c}\tag{3.28}$$

3.3.3　初始匹配与验证匹配

(1) 初始匹配。在计算出观测三角形的特征投影值以后,就可利用其与导航星表中存储的导航星三角形的特征投影值进行匹配。如果该投影值没有误差,就可以直接查找出与其对应的导航三角形。但是由于各种噪声的影响,观测到的星点往往会发生一定量的偏移,因此需要设定观测投影值 P' 的误差范围 $[P'-\xi, P'+\xi]$ 的三角形作为备选三角形进行识别。进行边长比对时,如果误差较小且只有唯一的导航三角形符合比对条件,即可认定此导航三角形与观测三角形匹配成功;如果具有多个导航三角形符合比对条件,那么需要通过验证过程进行进一步筛选。

（2）验证匹配。在做验证匹配时，计算出每个导航三角形与观测三角形的边长差值为 σ，则可认定最小 σ 值对应的导航三角形就是满足条件的导航三角形。σ 值的计算公式为

$$\sigma = \sqrt{(a' - a'')^2 + (b' - b'')^2 + (c' - c'')^2} \tag{3.29}$$

3.3.4 星图识别试验及结果分析评价

在进行星图识别试验时，导航星表数据来自依巴谷星表，选取星表中基本亮星构成导航星数据库，约为 52000 颗。

1. 星图识别实例

如图 3.25 所示，对试验获取的星图随机选取 3 幅进行识别，并将三角形星图识别法和方向矢量星图识别法进行比较分析，其中“✳”代表利用三角形法识别的星点，“○”代表利用方向矢量法识别出的恒星。由图 3.25 可以看出，方向矢量法识别出的恒星更多，故此方法的识别率要优于三角形星图识别方法的识别率。

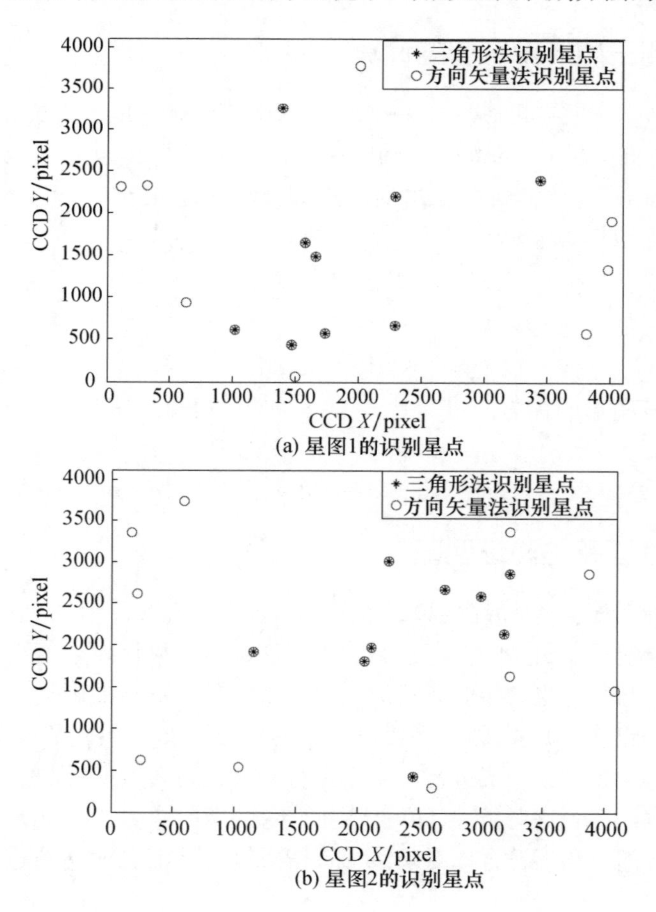

(a) 星图1的识别星点

(b) 星图2的识别星点

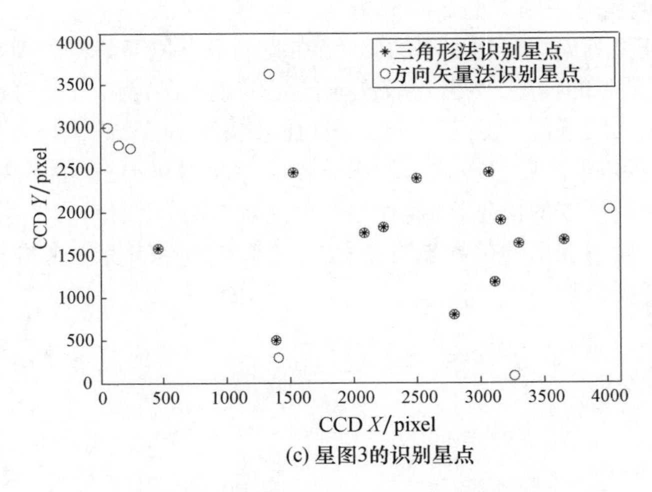

(c) 星图3的识别星点

图3.25　随机选取3幅星图的识别实例

2. 星点位置偏差对识别率的影响分析

为了进一步验证方向矢量法的性能,采取仿真试验的方式,各项参数与实际试验相同,在星点位置处加入0~3pixel的偏差,然后对比同等条件下此方法与三角形星图识别结果的差异,得到位置偏差从0~3pixel变化时对星点识别率的影响变化曲线。如图3.26所示,方向矢量方法具有较好的抗星点位置偏差能力,位置偏差达到3pixel时,星图识别率也能达到96%以上。原因在于,在初始匹配的过程中设定了观测投影值P'的误差范围$[P'-\xi, P'+\xi]$的三角形作为备选三角形进行识别,因此可以保持较大的容错率。

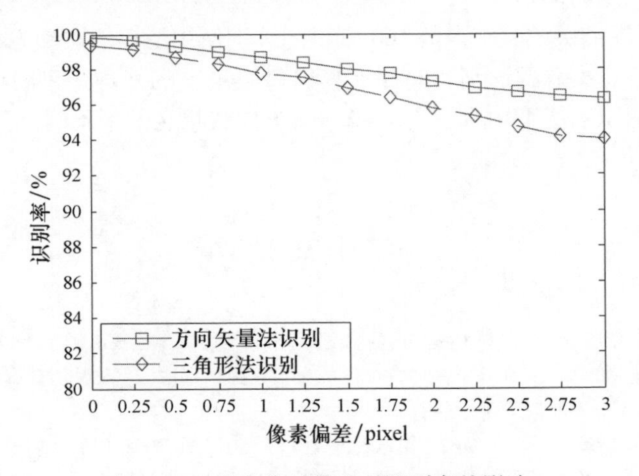

图3.26　星点位置偏差对识别率的影响

3. 星等偏差对识别率的影响分析

为了验证星等偏差对识别率的影响,在验证星点位置偏差原理基础上,为星图加上0~1星等的偏差,然后比较在不同星等偏差的影响下,三角形星图识别法和方向矢量法的星图识别率变化情况,比较情况如图3.27所示。从图3.27中可以看出,三角形法受星等偏差的影响较大。原因在于,三角形法在构造三角形时引入了恒星亮度的信息,因此在星等偏差较大时,识别率降低明显。而本书所提的方向矢量法利用的是导航星所构成三角形的形态特征来进行星图识别,并没有用到亮度信息。

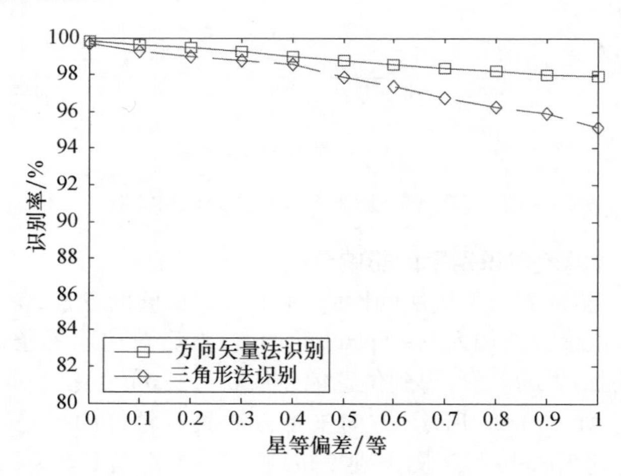

图3.27 星等偏差对识别率的影响

4. 平均识别时间对比

将此次恒星拍摄试验获得的160幅星图分别使用三角形法和方向矢量法进行星图的识别,汇总出总的识别时间并计算出每幅星图的平均识别时间。计算结果为:三角形星图识别法平均时间为14.27ms,方向矢量法的平均时间为6.19ms。

参考文献

[1] 郭敏,张红英. 依巴谷恒星在CCD视场内的星位转换和预测[J]. 测绘技术装备,2012,14(2):29-31.

[2] 胡海东,黄显林,介鸣. 一种基于星体特征值的全天星图识别法[J]. 黑龙江大学自然科学学报,2007,24(6):731-735.

[3] 郑胜. 一种新的全天自主几何结构星图识别算法[J]. 光电工程,2004,12(3):4-7.

[4] 房建成,全伟,孟小红. 基于Delaunay三角剖分的全天自主星图识别算法[J]. 北京航空航天大学学报,2005,10(3):311-315.

第4章　共有星下的星图识别方法

在仪器拍摄星图时，一般通过北斗/GPS系统等外部设备获取概略位置。为提高星图识别的速度，仅选取星表中概略位置天顶附近的恒星参与星图识别。在进行位置信息解算时，需要通过星表对每一幅星图进行识别，这样导致了星图识别的效率不高。考虑到在旋转拍摄星图时，每次拍摄的星图中有共有星，如果能通过恒星的像点轨迹确定星图中相同的恒星区域，并利用重合区域中相同的恒星进行星图识别，那么将提高星图识别的速度。为此，针对星图识别时参考恒星范围的选取和识别方法展开了本章的研究。

4.1　参考恒星的选取范围分析

星图识别是将拍摄的恒星与星表结合进行匹配的过程。在进行星图识别时，一般以概略位置为中心，直接采用地面数字天文摄影仪的视场角来确定星表中参考恒星的范围，此时会导致部分拍摄的星点存在无法被识别的可能性，星表中参考恒星的经纬度范围是与测站点位置的纬度相关联的。为了确定星图识别时参考恒星的范围值，必须准确地分析地面数字天文摄影仪的观测范围所表示的经度与纬度的区间大小，这里称为跨度值，通过跨度值确定星图识别时参考恒星的范围。

4.1.1　视场范围的分析

在焦距一定的情况下，地面数字天文摄影仪的视场大小由CCD图像传感器的尺寸确定，如图4.1所示，地面数字天文摄影仪中采用的是正方形的KAF－

图4.1　CCD图像传感器

16803 全画幅图像传感器,在拍摄星图的过程中它随着镜筒一起旋转。

为了表示出在星图拍摄过程中 CCD 图像传感器的摆放位置,根据它的中心点与北向之间的关系定义其摆放位置。将过其中心点并与边缘平行的方向表示为 CCD 图像传感器所处的位置,如图 4. 2 所示。

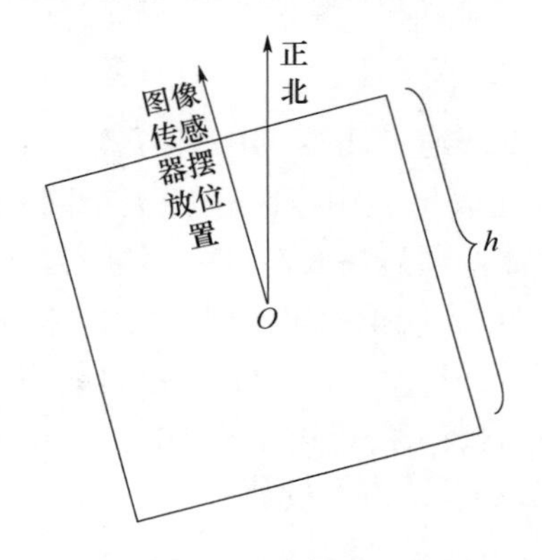

图 4. 2　CCD 图像传感器的摆放位置

根据 CCD 图像传感器的摆放位置分两种情况进行讨论:一种是 CCD 图像传感器的摆放位置与北向平行,另一种是 CCD 图像传感器的摆放位置与北向之间存在着一定的夹角。

1. 图像传感器与北向平行时的跨度值分析

在进行星图拍摄时,要对地面数字天文摄影仪进行精调平。当 CCD 图像传感器摆放位置与北向平行时,可得如图 4. 3 所示的示意图。

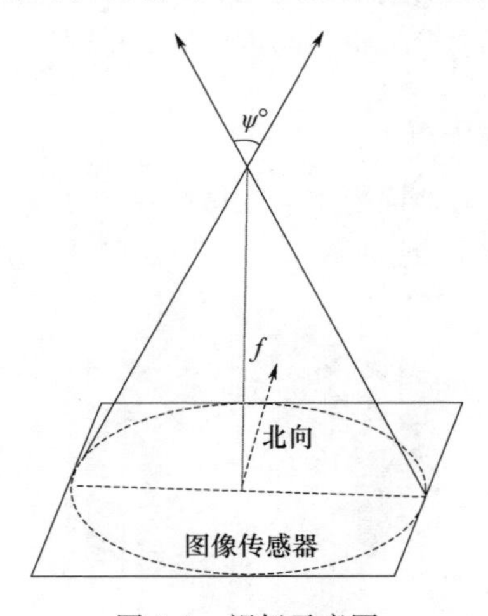

图 4. 3　视场示意图

地面数字天文摄影仪的视场角为 $\psi_0° \times \psi_0°$，当 CCD 图像传感器的视轴沿着所处的经线移动时，纬度的跨度值可认为基本保持不变，此时纬度的跨度值为 ψ_0；但是经度的跨度值是与当前视轴所处的纬度值有关的。CCD 图像传感器是由许多个像素单元构成的，假设由像素构成的边的长度为 h，地面数字天文摄影仪的焦距值为 f，则有

$$\tan\left(\frac{\psi_0}{2}\right) = \frac{h}{2f} \tag{4.1}$$

CCD 图像传感器中心的天文坐标（α_0，δ_0）即表示测站点的天文坐标，在纬度点 O' 处时，纬度变化量为 $\Delta\delta$，此时纬度值 $\delta = \delta_0 + \Delta\delta$，经度的跨度值为 $\Delta\alpha$，如图4.4所示。

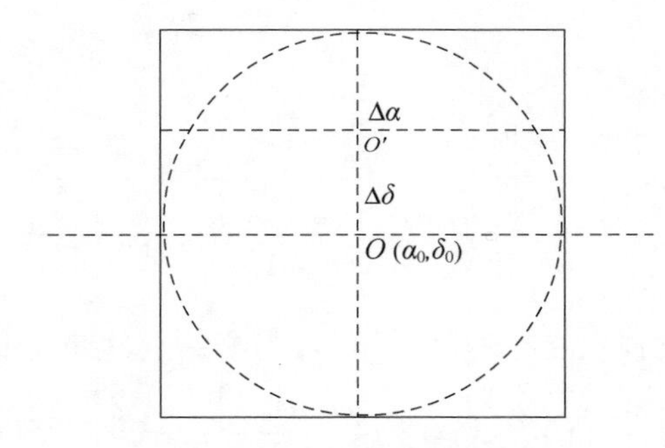

图4.4　视场平面示意图

此时视场大小为

$$\tan\left(\frac{\psi}{2}\right) = \frac{h\cos\Delta\delta}{2f} \tag{4.2}$$

这里球体半径为 R，在纬度值为 δ 时的半径值为 r，如图4.5所示。

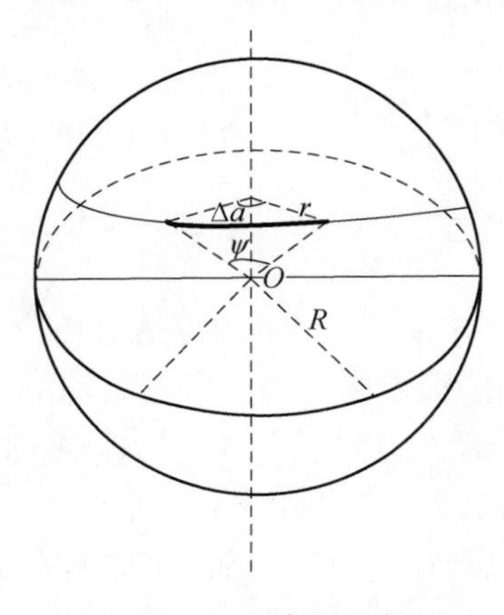

图4.5　经度跨度示意图

则有

$$2R\sin(\frac{\psi}{2}) = 2r\sin(\frac{\Delta a}{2}) \tag{4.3}$$

式中：$r = R\cos\delta$。可以得出在不同纬度下的经度跨度值为

$$\Delta\alpha = 2\arcsin(\frac{\sin(\psi/2)}{\cos(\delta_0 + \Delta\delta)}) \tag{4.4}$$

式中：$\Delta\delta \in (-\frac{\psi_0}{2}, \frac{\psi_0}{2})$。由式(4.3)可得

$$\sin(\frac{\psi}{2}) = \frac{h}{\sqrt{h^2 + \frac{4f^2}{\cos^2(\Delta\delta)}}} \tag{4.5}$$

将式(4.5)代入式(4.4)可得

$$\Delta\alpha = 2\arcsin\frac{h}{\sqrt{h^2 + \frac{4f^2}{\cos^2(\Delta\delta)}}\cos(\delta_0 + \Delta\delta)} \tag{4.6}$$

对式(4.6)进行分析，在一般情况下，认为测站点的纬度值 δ_0 大于地面数字天文摄影仪的视场角。可得当 $\Delta\delta \in (-\frac{\psi_0}{2}, \frac{\psi_0}{2})$ 时，经度的跨度值 $\Delta\alpha$ 随着 $\Delta\delta$ 值的增加而变大。也就是当 $\Delta\delta = -\frac{\psi_0}{2}$ 时，经度的跨度值 $\Delta\alpha$ 最小；当 $\Delta\delta = \frac{\psi_0}{2}$ 时，经度的跨度值 $\Delta\alpha$ 最大，此时有

$$\begin{cases} \Delta\alpha_{\min 1} = 2\arcsin(\frac{\sin(\psi'/2)}{\cos(\delta_0 - \psi_0/2)}) \\ \Delta\alpha_{\max 1} = 2\arcsin(\frac{\sin(\psi'/2)}{\cos(\delta_0 + \psi_0/2)}) \end{cases} \tag{4.7}$$

式中：$\psi' = 2\arctan\frac{h\cos(\psi_0/2)}{2f}$。

2. 图像传感器与正北存在夹角时的跨度值分析

在运用地面数字天文摄影仪旋转拍摄恒星星图的过程中，CCD 图像传感器的摆放位置随着旋转位置的不同而发生变化。这时 CCD 图像传感器的摆放位置与正北之间存在着一定的方位角，如图 4.6 所示。

求解经度的跨度值，实际上也就是求解 AC 之间的经度跨度值。此时 AC 之间的距离值为$\sqrt{2}h$，通过式(4.6)得出的单调性结论可知：

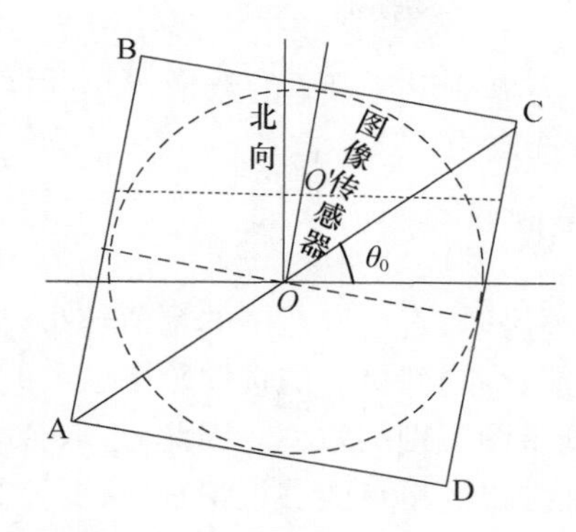

图4.6　图像传感器与正北存在夹角时的示意图

$$\begin{cases}\Delta a \leqslant \dfrac{\sqrt{2}h\cos\theta_0}{\sqrt{(\sqrt{2}h\cos\theta_0)^2+\dfrac{4f^2}{\cos^2(\Delta\delta_c)}}\cos(\delta_0+\Delta\delta_c)} \\ \Delta a \geqslant \dfrac{\sqrt{2}h\cos\theta_0}{\sqrt{(\sqrt{2}h\cos\theta_0)^2+\dfrac{4f^2}{\cos^2(\Delta\delta_c)}}\cos(\delta_0-\Delta\delta_c)}\end{cases} \tag{4.8}$$

因为

$$\tan\Delta\delta_c=\frac{\sqrt{2}h\sin\theta_0}{2f} \tag{4.9}$$

联立式(4.8)和式(4.9)可以得出当 $\theta_0=0°$时，CCD图像传感器的视场大小为

$$\psi_{AC}=2\arctan\frac{\sqrt{2}h}{2f} \tag{4.10}$$

此时经度的跨度值最大，其值为

$$\Delta\alpha_{\max2}=2\arcsin\left(\frac{\sin(\psi_{AC}/2)}{\cos\delta_0}\right) \tag{4.11}$$

这时纬度的跨度值也最大，其值为 ψ_{AC}。

当 $\theta_0=45°$时，CCD图像传感器的摆放位置与正北一致，此时经度的跨度值最小，其值为

$$\Delta\alpha_{\min2}=\Delta\alpha_{\min1}=2\arcsin\left(\frac{\sin(\psi'/2)}{\cos(\delta_0-\psi_0/2)}\right) \tag{4.12}$$

这时纬度的跨度值也最小，其值为 ψ_0。

比较CCD图像传感器在两种不同条件下经度与纬度的跨度值，可以得出，在地面数字天文摄影仪拍摄星图的过程中经度跨度的最大值为 $\Delta\alpha_{\max}=\Delta\alpha_{\max2}$，

纬度跨度的最大值为 $\Delta\delta_{max} = \psi_{AC}$；经度跨度的最小值为 $\Delta\alpha_{min} = \Delta\alpha_{min1}$，纬度跨度的最小值为 $\Delta\delta_{min} = \psi_0$。为提高识别恒星的数量，参考恒星的经度跨度值应选取为 $\Delta\alpha_{max2}$，纬度跨度值应选取为 ψ_{AC}。

4.1.2 参考恒星的选取

在选取局部星表的恒星时，若选取范围的幅值较小，将使部分拍摄的星点存在无法被有效识别的可能；当局部星表的选取范围较大时，将导致局部星表中的恒星数量较多，进而降低星图识别的效率。因此，选取合理的局部星表对于星图识别尤为重要，既要保证拍摄的星点能够被识别，又要控制局部星表中恒星的数量。一般情况下，通过仪器的视场角 ψ_0 和测站点的位置信息（α_0，δ_0）所确定的局部星表的选取范围为

$$\begin{cases} a_0 - \dfrac{\psi_0}{2\cos\delta_0} < \alpha < a_0 + \dfrac{\psi_0}{2\cos\delta_0} \\ \delta_0 - \dfrac{\psi_0}{2} < \delta < \delta_0 + \dfrac{\psi_0}{2} \end{cases} \tag{4.13}$$

显然，依据式（4.13）选取的局部星表针对的只是图像传感器相应区域对应的部分星表数据，这种星表的选取方式将导致部分拍摄的星点无法被有效识别。结合上节的分析可知，应当通过图像传感器所对应的最大经纬度范围来选取局部星表，选取的恒星经纬度（α，δ）应满足：

$$\begin{cases} \alpha_0 - \dfrac{\Delta\alpha_{max2}}{2} < \alpha < \alpha_0 + \dfrac{\Delta\alpha_{max2}}{2} \\ \delta_0 - \dfrac{\Delta\delta_{max2}}{2} < \delta < \delta_0 + \dfrac{\Delta\delta_{max2}}{2} \end{cases} \tag{4.14}$$

在选取局部星表时，测站点的位置信息是未知的，但是在仪器工作时，由北斗/GPS 授时系统能够获取地面测站点的概略位置（α'，δ'），获取的位置信息与测站点的天文坐标比较接近，可以用获取的概略位置代替测站点的位置信息来选取局部星表。选取局部星表时，采用的是依巴谷星表。依巴谷星表中的星点数据精度较高，结合仪器所能拍摄的极限星等，选取星等在 11 以下的星表数据构成局部星表。

4.1.3 参考恒星的选取试验及数据分析

采用数字天顶仪进行试验，仪器的焦距值为 600mm，图像传感器的大小为 4096pixel × 4096pixel，像素尺寸为 9μm × 9μm。由北斗/GPS 授时系统获得的概略位置为（109.120°，34.312°），通过计算可得仪器的视场角为 3.52°。一般情况下，由式（4.13）确定的局部星表中经度的范围幅值为 4.26°，纬度的范围幅值为

3.52°,此时选取的部分局部星表数据如表4.1所示。

表4.1　局部星表中的部分数据

序号	经度/(°)	纬度/(°)	星等	序号	经度/(°)	纬度/(°)	星等
1	107.55620	33.50722	10.8	11	109.58682	34.63967	8.9
2	107.56575	34.38843	9.6	12	109.59573	35.93340	7.3
3	108.45053	34.80392	10.2	13	109.61653	33.79431	8.9
4	108.45680	34.14625	9.4	14	109.67893	34.2254	8.9
5	108.54908	34.27588	9.3	15	109.88122	34.83035	9.3
6	108.57437	32.91789	8.8	16	109.99972	35.25749	7.8
7	108.64816	35.53018	10.5	17	110.43151	33.49116	9.3
8	108.70588	32.77484	9.5	18	110.53967	34.70659	6.9
9	108.90360	35.12450	9.0	19	111.18878	34.53505	9.2
10	109.30474	34.76554	9.3				

结合表4.1中选取的局部星表对星图进行识别,识别的结果如表4.2所示。

表4.2　识别的星点数据

序号	经度/(°)	纬度/(°)	图像坐标 x/pixel	图像坐标 y/pixel
1	109.59573	35.93340	637.05	689.52
2	110.53967	34.70659	667.93	2373.19
3	109.99972	35.25749	749.61	1555.96
4	109.58682	34.63967	1473.06	1940.04
5	109.61653	33.79431	1990.61	2775.74
6	108.57437	32.91789	3398.06	3062.18
7	108.70588	32.77484	3384.53	3271.78
8	108.90360	35.12450	1703.45	1110.14
9	109.30474	34.76554	1617.04	1669.27
10	110.43151	33.49116	1523.60	3502.61
11	109.67893	34.22541	1664.76	2390.48
12	111.18878	34.53505	252.72	2876.63
13	108.45680	34.14625	2692.96	1814.98
14	108.54908	34.27588	2534.97	1739.78
15	107.56575	34.38843	3241.33	1100.01
16	108.45053	34.80392	2269.48	1178.51

由式(4.14)确定的局部星表中经度的范围幅值为6.00°,纬度的范围幅值为4.98°。此时选取的部分局部星表数据如表4.3所示。

表4.3 局部星表改进后的部分数据

序号	经度/(°)	纬度/(°)	星等	序号	经度/(°)	纬度/(°)	星等
1	106.19088	33.95813	5.7	16	108.90360	35.12450	9.0
2	106.29308	33.96708	10.0	17	109.20385	36.65919	8.1
3	106.38270	33.43022	5.0	18	109.30474	34.76554	9.3
4	106.71843	35.12170	8.4	19	109.43644	32.27170	10.0
5	106.72603	34.48858	10.7	20	109.50733	36.37719	8.2
6	106.81364	35.76196	9.4	21	109.58682	34.63967	8.9
7	107.55620	33.50722	10.8	22	109.59573	35.93340	7.3
8	107.56575	34.38843	9.6	23	109.92623	32.45327	7.1
9	107.69591	36.46129	8.6	24	109.99972	35.25749	7.8
10	108.10766	36.25987	8.3	25	110.43151	33.49116	9.3
11	108.37042	32.22683	8.2	26	110.48195	32.53668	8.8
12	108.45053	34.80392	10.2	27	110.53967	34.70659	6.9
13	108.54908	34.27588	9.3	28	110.64609	35.64906	9.7
14	108.57437	32.91789	8.8	29	111.16936	33.54687	10.6
15	108.64816	35.53018	10.5	30	111.18878	34.53505	9.2

结合表4.3中选取的局部星表数据进行星图识别,识别的结果如表4.4所示。

表4.4 识别的星点数据

序号	经度/(°)	纬度/(°)	图像坐标 x/pixel	图像坐标 y/pixel
1	110.53967	34.70659	667.93	2373.19
2	109.77607	36.23181	304.44	492.82
3	109.59573	35.93340	637.05	689.52
4	109.99972	35.25749	749.61	1555.96
5	109.50733	36.37719	421.83	212.90
6	109.61653	33.79431	1990.61	2775.74
7	109.58682	34.63967	1473.06	1940.04
8	111.18878	34.53505	252.72	2876.63
9	108.37042	32.22683	4014.14	3616.34

（续）

序号	经度/(°)	纬度/(°)	图像坐标 x/pixel	图像坐标 y/pixel
10	111.40808	34.52906	79.11	2995.57
11	109.67893	34.22541	1664.76	2390.48
12	108.57437	32.91789	3398.06	3062.18
13	108.90360	35.12450	1703.45	1110.14
14	108.45680	34.14625	2692.96	1814.98
15	109.30474	34.76554	1617.04	1669.27
16	110.43151	33.49116	1523.60	3502.61
17	108.54908	34.27588	2534.97	1739.78
18	107.56575	34.38843	3241.33	1100.01
19	108.70588	32.77484	3384.53	3271.78
20	108.45053	34.80392	2269.48	1178.51

对比表4.2与表4.4中识别的星点数据，得到的识别星点分布如图4.7所示。

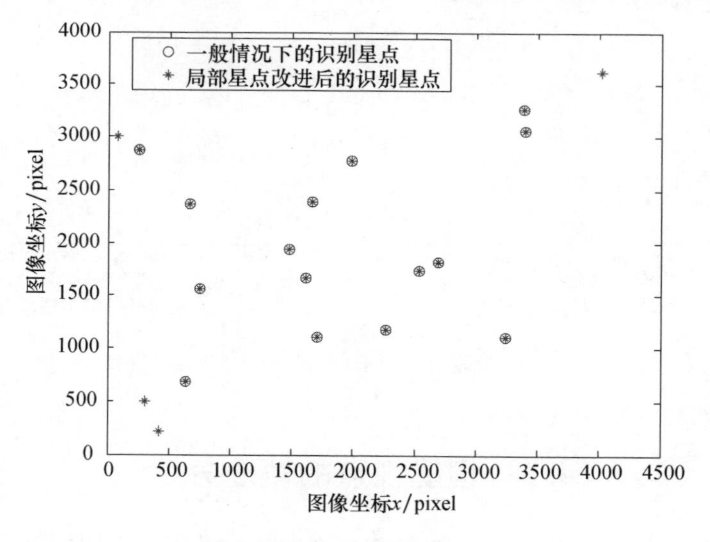

图4.7 星点的分布

从图4.7可知，对局部星表的选取范围进行改进后，识别的恒星数量有所增加。相对于未改进星表选取范围前的识别结果而言，新识别的星点基本都分布在方形图像传感器的四周，此时图像传感器拍摄区域内的星点都能较好地被识别，这与以上的分析相符。对多幅恒星星图进行处理，分别结合一般情况下选取的局部星表和改进后的局部星表进行星图识别，图4.8给出了其中4幅星图的识别结果。从图 4.8 可知,当对局部星表的选取范围进行改进后,能够对拍摄的星点进行更好的识别。一方面增加了识别星点的数量,另一方面有效控制了局部星表中恒星的数量,表明了局部星表选取的可行性与正确性。

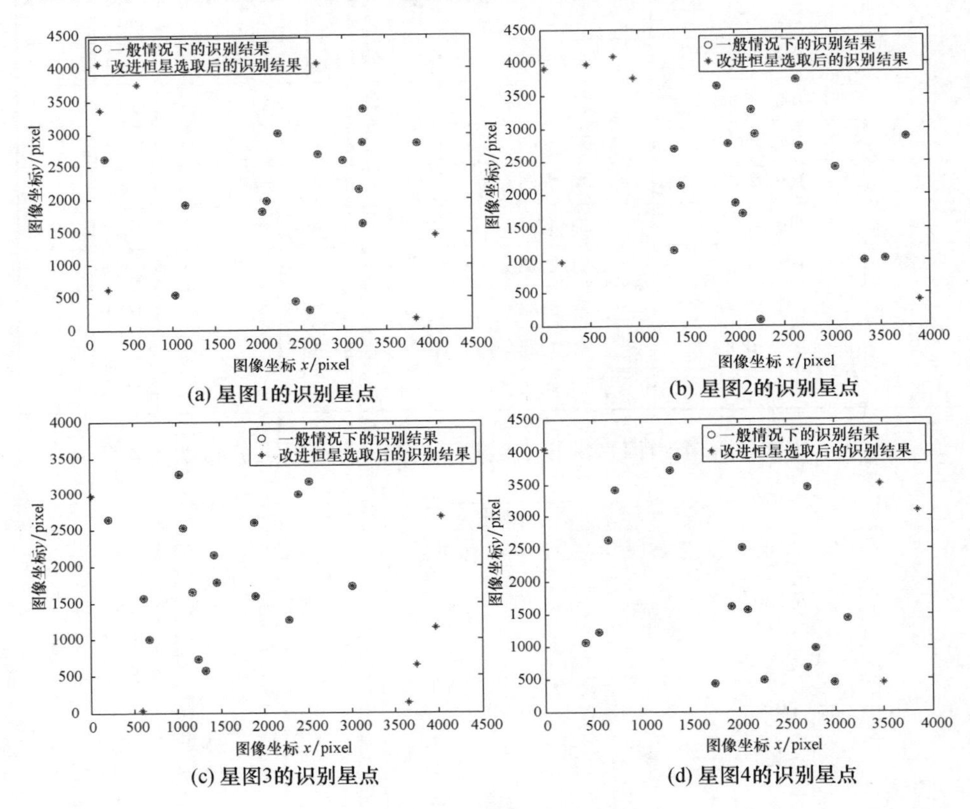

(a) 星图1的识别星点

(b) 星图2的识别星点

(c) 星图3的识别星点

(d) 星图4的识别星点

图 4.8 识别星点的分布

4.2 恒星像点的轨迹分析

运用地面数字天文摄影仪旋转拍摄星图时,在拍摄的星图中有重合的区域。同一颗恒星可能在多幅恒星星图出现,通过恒星的像点轨迹能够计算出同一颗恒星在不同星图中的位置,这对于研究拍摄星图中相同的恒星具有重要的意义。

4.2.1 像点轨迹的建模

为提高仪器拍摄星图的数量,通过方位旋转的模式进行星图的拍摄。在一个工作循环内,共拍摄 16 幅星图。在仪器拍摄星图的过程中,星图间的时间间隔较短，仪器的拍摄视场会存在着重合的范围，这里首先对出现在不同星图中的同一颗恒星的像点轨迹进行分析。理想情况下，图像传感器处于绝对水平的状态且恒星像点不受误差等因素的影响。这里首先对理想状态下的恒星像点轨迹进行分析，以图像传感器为基础，光学主点为原点，平行于两侧边缘方向的指向为 x 轴和 y 轴，构建三维右手坐标系 $o-xyz$。另外，以天文北的指向为 y_n 轴，构建三维右手坐标系 $o-x_ny_nz_n$，此时图像传感器的一侧与天文北向之间的夹角记为 A，如图 4.9 所示。

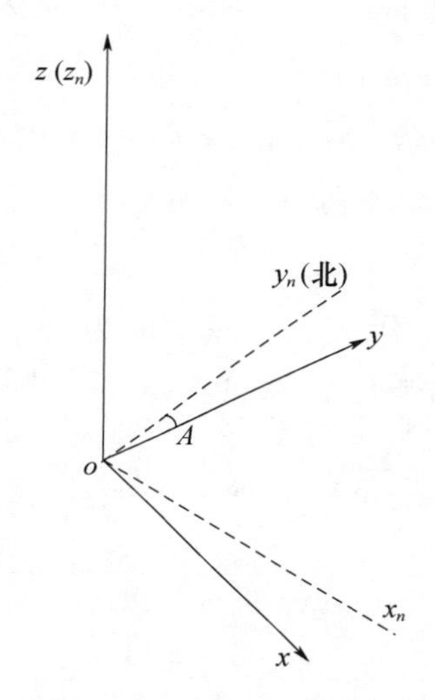

图 4.9　图像坐标系

在坐标系 $o-xyz$ 中，恒星像点的图像坐标为 (x,y)，将其转换至坐标系 $o-x_ny_nz_n$ 中，则有

$$\begin{cases} x_n = x\cos A + y\sin A \\ y_n = y\cos A - x\sin A \end{cases} \tag{4.15}$$

当仪器方位旋转 ϕ 角至另一方位拍摄星图时，以图像传感器为基础构建三维坐标系 $o'-x'y'z'$，以天文北的指向为 y_{n0} 轴，构建三维右手坐标系 $o'-x_{n0}y_{n0}z_{n0}$。此时，同一颗恒星在直角坐标系 $o'-x'y'z'$ 中的像点图像坐标为 (x',y')，将其转换至坐标系 $o'-x_{n0}y_{n0}z_{n0}$ 中，则有

$$\begin{cases} x_{n0} = x'\cos(A+\phi) + y'\sin(A+\phi) \\ y_{n0} = y'\cos(A+\phi) - x'\sin(A+\phi) \end{cases} \tag{4.16}$$

这里需要分析出方位旋转前的恒星像点图像坐标 (x,y) 与旋转后的恒星像点图像坐标 (x',y') 之间的关系。仪器在方位旋转的过程中，地球也在自转。地球自转的角度 $\theta \approx 15''t$，t 表示星图之间的时间间隔。拍摄星图时仪器所处位置

的天文纬度为 δ_0，仪器的焦距为 f。坐标系 $o-x_ny_nz_n$ 与坐标系 $o'-x_{n0}y_{n0}z_{n0}$ 之间的变换方式为：先绕 x_n 轴逆时针旋转 δ_0 角，之后绕 y_n 轴逆时针旋转 θ 角，再绕 x_n 轴顺时针旋转 δ_0 角。在坐标系 $o-x_ny_nz_n$ 中，星光矢量方向为 $(x_n, y_n, -f)^{\mathrm{T}}$，将该矢量转换至坐标系 $o'-x_{n0}y_{n0}z_{n0}$ 中，则有

$$\begin{pmatrix}1 & 0 & 0\\ 0 & \cos\delta_0 & \sin\delta_0\\ 0 & -\sin\delta_0 & \cos\delta_0\end{pmatrix}\begin{pmatrix}\cos\theta & 0 & -\sin\theta\\ 0 & 1 & 0\\ \sin\theta & 0 & \cos\theta\end{pmatrix}\begin{pmatrix}1 & 0 & 0\\ 0 & \cos\delta_0 & -\sin\delta_0\\ 0 & \sin\delta_0 & \cos\delta_0\end{pmatrix}\begin{pmatrix}x_n\\ y_n\\ -f\end{pmatrix}$$

$$=\begin{pmatrix}x_n\cos\theta - y_n\sin\delta_0\sin\theta + f\cos\delta_0\sin\theta\\ x_n\sin\theta\sin\delta_0 + y_n(\cos^2\delta_0+\sin^2\delta_0\cos\theta) + f(\sin\delta_0\cos\delta_0 - \sin\delta_0\cos\delta_0\cos\theta)\\ x_n\sin\theta\cos\delta_0 + y_n(\sin\delta_0\cos\delta_0\cos\theta - \sin\delta_0\cos\delta_0) - f(\sin^2\delta_0+\cos^2\delta_0\cos\theta)\end{pmatrix} \tag{4.17}$$

在坐标系 $o'-x_{n0}y_{n0}z_{n0}$ 中，星光矢量方向为 $(x_{n0}, y_{n0}, -f)^{\mathrm{T}}$。由于恒星处于无穷远处，恒星星光可视为平行光，结合式(4.17)，则有

$$\begin{aligned}&\frac{x_{n0}}{x_n\cos\theta - y_n\sin\delta_0\sin\theta + f\cos\delta_0\sin\theta}\\ &=\frac{y_{n0}}{x_n\sin\theta\sin\delta_0 + y_n(\cos^2\delta_0+\sin^2\delta_0\cos\theta) + f(\sin\delta_0\cos\delta_0 - \sin\delta_0\cos\delta_0\cos\theta)}\\ &=\frac{-f}{x_n\sin\theta\cos\delta_0 + y_n(\sin\delta_0\cos\delta_0\cos\theta - \sin\delta_0\cos\delta_0) - f(\sin^2\delta_0+\cos^2\delta_0\cos\theta)}\end{aligned} \tag{4.18}$$

仪器拍摄星图之间的时间间隔较短，因此地球的旋转角度 θ 属于小角度，则有 $\sin\theta\approx\theta$，$\cos\theta\approx1$。对式(4.18)进行化简，可得

$$\begin{cases}x_{n0} = x_n - y_n\theta\sin\delta_0 + f\theta\cos\delta_0\\ y_{n0} = y_n + x_n\theta\sin\delta_0\end{cases} \tag{4.19}$$

联立式(4.16)、式(4.18)和式(4.19)可得

$$\begin{cases}x' = x(\cos\phi - \theta\sin\delta_0\sin\phi) - y(\sin\phi + \theta\sin\delta_0\cos\phi) + f\theta\cos\delta_0\cos(A+\phi)\\ y' = y(\cos\phi - \theta\sin\delta_0\sin\phi) + x(\sin\phi + \theta\sin\delta_0\cos\phi) + f\theta\cos\delta_0\sin(A+\phi)\end{cases} \tag{4.20}$$

式(4.20)即为同一颗恒星在图像传感器上成像的轨迹，该像点轨迹是在仪器处于理想状态下推导的，也就是说恒星像点的图像坐标 (x, y) 与 (x', y') 均是在仪器处于绝对水平且像点不受其他误差因素影响下获得的。

4.2.2 像点轨迹的修正

天顶上的恒星经过地面数字天文摄影仪焦点在 CCD 像平面上成像，星点成

像的轨迹受到光轴中心偏移、焦距变化以及CCD像平面倾斜等因素的影响。

1. 光轴主点与焦距变化引起的误差

在运用地面数字天文摄影仪进行定位定向的过程中，地面数字天文摄影仪的光轴会发生一定的偏移，使恒星像点的CCD图像坐标值发生变化，则有

$$\begin{cases} x'_0 = x_0 + \Delta x_0 \\ y'_0 = y_0 + \Delta y_0 \end{cases} \tag{4.21}$$

另外，地面数字天文摄影仪的焦距值存在一定的误差，由f变为$f+\Delta f$。将含有误差值的恒星像点的CCD图像坐标和焦距值代入式(4.20)，则有

$$\begin{cases} x'' = (x_0 + \Delta x_0)\cos\phi - (y_0 + \Delta y_0)\sin\phi - (f+\Delta f)\theta\cos(A+\phi) \\ y'' = (y_0 + \Delta y_0)\cos\phi + (x_0 + \Delta x_0)\sin\phi - (f+\Delta f)\theta\sin(A+\phi) \end{cases} \tag{4.22}$$

所以由光轴主点变化及焦距变化引起的误差值为

$$\begin{cases} \Delta x_1 = \Delta x_0\cos\phi - \Delta y_0\sin\phi - \Delta f\theta\cos(A+\phi) \\ \Delta y_1 = \Delta y_0\cos\phi + \Delta x_0\sin\phi - \Delta f\theta\sin(A+\phi) \end{cases} \tag{4.23}$$

2. CCD像平面与光轴倾斜引起的误差

运用地面数字天文摄影仪进行星图拍摄时，要对其进行精调平，但是CCD像平面在安装过程中存在着安装误差等因素。另外，地面数字天文摄影仪的光轴也存在着倾斜。为了更好地研究倾斜对于恒星像点轨迹的影响，如图4.10所示，将CCD像平面的倾斜和光轴的倾斜统一表示进行研究。

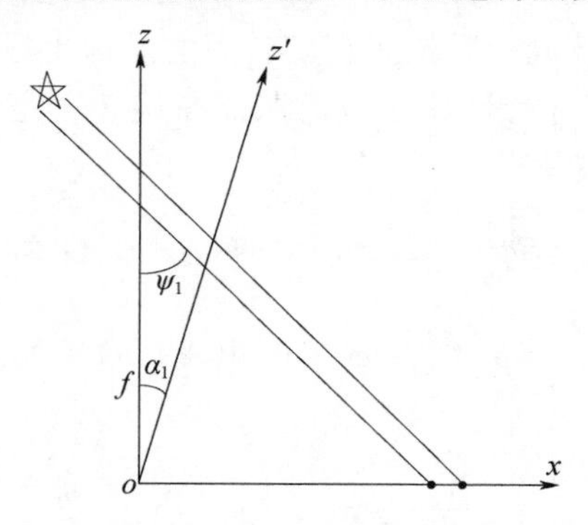

图4.10　倾斜对于恒星像点的影响

在xoz平面内光轴与CCD像平面的倾斜值为α_1，恒星星光与地面数字天文摄影仪光轴之间的夹角为ψ_1，则恒星像点x轴的偏差值为

$$\Delta x_2 = \frac{f\sin(\psi_1 + \alpha_1)}{\cos\alpha_1} - f\tan\psi_1 \tag{4.24}$$

化简后可得

$$\Delta x_2 = f\alpha_1 \tag{4.25}$$

同理可得恒星像点 y 轴的偏差值为

$$\Delta y_2 = f\alpha_2 \tag{4.26}$$

式中：α_2 为在 yoz 平面内光轴与 CCD 像平面的倾斜值。显然，由小角度光轴倾斜导致的是恒星像点图像坐标的整体偏移。

综合上述分析可得，由于光轴偏移、焦距变化及倾斜造成的误差值：$\Delta x_0' = \Delta x_1 + \Delta x_2$，$\Delta y_0' = \Delta y_1 + \Delta y_2$，则恒星像点的实际轨迹为

$$\begin{cases} x' = x_0\cos\phi - y_0\sin\phi - f\theta\cos(A+\phi) + \Delta x_0' \\ y' = y_0\cos\phi + x_0\sin\phi - f\theta\sin(A+\phi) + \Delta y_0' \end{cases} \tag{4.27}$$

4.3 基于像点轨迹的快速星图识别

在进行位置信息解算时，需要通过依巴谷星表对每一幅星图进行识别，在进行星图识别的过程中，计算量较大且效率不高。通过恒星像点的轨迹能够确定拍摄星图中相同恒星所处的区域。如果能够运用星图中相同的恒星进行星图识别，那么将减小星图识别的计算量，提高星图识别的速度。

4.3.1 快速星图识别方法

通过推导可知，在旋转拍摄过程中恒星像点的轨迹满足式(4.27)。由于误差的存在，无法精确计算同一颗恒星在旋转后的图像坐标，只能对旋转后恒星像点的图像坐标的范围值进行计算。为了保证在旋转一定角度后，同一颗恒星在星图中仍能够出现，则应有

$$\begin{cases} \left| x' = x_0\cos\phi - y_0\sin\phi - f\theta\cos(A+\phi) + \Delta x_0{}' \right| < \dfrac{h}{2} \\ \left| y' = y_0\cos\phi + x_0\sin\phi - f\theta\sin(A+\phi) + \Delta y_0{}' \right| < \dfrac{h}{2} \end{cases} \tag{4.28}$$

化简后可得

$$\begin{cases} \left| x_0\cos\phi - y_0\sin\phi - f\theta\cos(A+\phi) \right| < \dfrac{h}{2} - \left| \Delta x_0{}' \right| \\ \left| y_0\cos\phi + x_0\sin\phi - f\theta\sin(A+\phi) \right| < \dfrac{h}{2} - \left| \Delta y_0{}' \right| \end{cases} \tag{4.29}$$

当拍摄的恒星像点的 CCD 图像坐标满足式(4.29)时，那么在旋转后拍摄的星图中这些恒星将再次出现。如果能够保证拍摄的恒星星图中相同恒星的数量，那么对于提高星图识别的速度和效率将具有较大的意义。

在解算位置信息时，单幅星图识别的恒星星量一般在 25 颗左右。当识别的恒星星量达到 10 ~ 20 颗时，地面数字天文摄影仪的定位精度就基本保持稳定。也就

是说,一般情况下单幅星图识别的恒星数量存在冗余。考虑到在旋转前后拍摄的恒星星图中含有较多相同的恒星,如果在星图识别的过程中只运用星表对其中的一幅星图进行识别,其余的星图以该幅星图识别出的恒星为简化星表再进行识别,那么将使星图识别更具有针对性,从而提高星图识别的效率和速度。

假设恒星像点在CCD像平面上的分布与CCD像平面的面积成正比关系,为了使相同恒星区域内的恒星数量满足定位的要求,则相同恒星的区域面积至少应达到CCD像平面面积的40%以上,这样才能够保证相同区域的恒星数量达到10颗左右。在运用地面数字天文摄影仪拍摄恒星星图的过程中,一个拍摄循环要拍摄的恒星星图为16幅,其中第8幅星图和第9幅星图实际上是在同一个位置上拍摄的,且在拍摄的过程中第8幅和第9幅恒星星图之间的时间间隔实际上是相对较短的。

为了实现只对其中的一幅恒星星图进行识别的目标,选取拍摄中间的第9幅(或第8幅)恒星星图与星表结合进行星图识别,其余的恒星星图运用第9幅星图识别出来的恒星作为简化星表再进行星图识别。由式(4.27)可知,相同恒星的区域是与地球转动角度相关联的,也就是与拍摄的时间间隔相联系。为保证其余的恒星星图与第9幅星图中含有相同恒星的数量,必须有效控制两幅恒星星图之间的拍摄时间间隔。为了简化运算,假设地面数字天文摄影仪在位置8拍摄恒星星图后继续旋转$\pi/4$拍摄,保证此时与第1幅恒星星图之间相同的CCD像平面面积,则有

$$(h - |f\theta\cos A|)(h - |f\theta\sin A|) > kh^2 \tag{4.30}$$

对式(4.30)进行适当的简化后可得

$$(h - f\theta)^2 > kh^2 \tag{4.31}$$

可得总的时间间隔值满足

$$t < \frac{(1 - \sqrt{k})}{15f}h \tag{4.32}$$

式中:k取值为0.4。可以解得总的时间间隔值t为310.5s,则两幅恒星星图之间的拍摄时间间隔$\Delta t < 45\text{s}$。另外,考虑到在旋转过程中电机的转动以及双轴倾角仪的倾角读取等因素的时间限制,又不能使旋转拍摄的时间间隔太短,根据仪器参数可知至少要保证时间间隔$\Delta t > 30\text{s}$。所以为了对星图识别进行简化从而提高星图识别的速度,必须保证$30\text{s} < \Delta t < 45\text{s}$。

在实际试验的过程中,恒星星图的拍摄时间间隔为40s左右,这样在进行定位的过程中可以只通过恒星星表对第9幅恒星星图进行识别,之后运用第9幅星图识别出来的恒星对其余拍摄的星图再进行识别,这样将使星图的识别过程不再单独依靠恒星星表,提高了星图识别的速度。

4.3.2 试验数据分析

运用地面数字天文摄影仪在基准点和野外环境两种条件下进行了大量的试验,拍摄了数百幅恒星星图。这里给出对其中两幅恒星星图进行识别得到的识别星点数据。表4.5所示为旋转前拍摄星图的识别星点数据,表4.6为旋转 π/4 后识别的星点数据。表4.5和表4.6中的识别星点数据都是通过将星图与依巴谷星表结合进行星图识别得到的。

表4.5 旋转前识别的星点数据

图像坐标 x/pixel	图像坐标 y/pixel	星点天文经度/(°)	星点天文纬度/(°)	恒星序号
2004.696	3772.155	107.636	33.430	53426
3013.803	3784.945	107.031	34.137	53229
2615.436	3576.527	107.444	33.958	53377
1389.633	3262.981	108.426	33.240	53673
3444.000	2393.888	107.972	35.122	53525
2816.904	3670.308	107.245	34.058	53305
3808.629	566.680	109.361	36.259	53986
320.032	2334.667	109.828	32.918	54134
623.066	930.803	110.869	33.794	54471
1012.418	609.073	110.932	34.225	54491
1465.182	423.473	110.840	34.639	54460
2292.796	664.370	110.157	35.125	54239
1653.102	1488.102	109.803	34.276	54119
1575.915	1644.829	109.710	34.1463	54086
2284.395	2201.921	108.819	34.3884	53801
1734.459	570.676	110.558	34.766	54369
1500.281	66.719	111.135	34.830	54548
110.083	2318.500	109.959	32.775	54183
3976.192	1327.021	108.589	36.016	53726
4008.000	1900.000	108.067	35.762	53563

表4.6　旋转π/4后识别的星点数据

图像坐标 x/pixel	图像坐标 y/pixel	星点天文经度/(°)	星点天文纬度/(°)	恒星序号
3855.801	3079.531	108.380	36.016	53726
656.146	2625.929	108.217	33.240	53673
732.742	3420.629	107.427	33.430	53426
1379.950	3921.460	107.036	34.055	53305
553.485	1213.632	109.619	32.918	54134
2725.060	3459.897	107.763	35.122	53525
3499.175	436.301	111.044	35.257	54581
1303.321	3712.895	107.235	33.958	53377
3473.853	3507.852	107.858	35.762	53563
1758.855	433.048	110.661	33.794	54471
2261.066	479.984	110.723	34.225	54491
3129.918	1422.246	109.948	35.125	54239
2713.148	668.033	110.631	34.639	54460
1929.762	1611.214	109.501	34.146	54086
2095.317	1554.488	109.594	34.276	54119
2800.351	962.432	110.349	34.766	54369
2989.667	440.333	110.926	34.830	54548
416.500	1054.500	109.750	32.775	54183
2038.889	2505.444	108.610	34.388	53801

表4.5和表4.6中的恒星序号是指识别出的恒星在依巴谷星表中的序号。由于恒星在星表中的序号是固定不变的，从上述两个表可知，在两幅恒星星图中存在着相同的恒星，虽然这些恒星的经纬度坐标和CCD图像坐标值不一样，但是在星表中的序号却是一样的，表明这些恒星星点实际上表示的是同一颗恒星。表4.7中所示的为两幅星图中相同恒星的恒星序号。

表4.7　相同恒星的恒星序号

编号	恒星序号	编号	恒星序号
1	53426	10	54239
2	53377	11	54119
3	53673	12	54086
4	53525	13	53801
5	53305	14	54369
6	54134	15	54548
7	54471	16	54183
8	54491	17	53726
9	54460	18	53563

从表 4.7 中可以看出,在这两幅恒星星图中含有较多的相同恒星。恒星像点轨迹中含有误差 $\Delta x_0'$与 $\Delta y_0'$。其中主点偏差在 10pixel 以内,倾斜角度在 1′以内。在拍摄星图的过程中地面数字天文摄影仪随着地球转动,转动角为 $\theta = 15''\Delta t$。拍摄星图的时刻由 GPS 或北斗授时系统高精度授予,所以拍摄星图的时间间隔 Δt 是精确已知的。在这里时间间隔为 40s 左右,满足对时间间隔的要求,焦距值 f 为 600mm ± 4mm。可得恒星像点轨迹的误差值为

$$\begin{aligned} |\Delta x_0'| &= |\Delta x_0\cos\phi - \Delta y_0\sin\phi - \Delta f\theta\cos(A+\phi) + f\alpha_1| \\ &< \sqrt{{\Delta x_0}^2 + {\Delta y_0}^2} + |\Delta f\theta| + |f\alpha_1| \end{aligned} \tag{4.33}$$

可以得出 $|\Delta x_0'| < 35$pixel,同理可以得出 $|\Delta y_0'| < 35$pixel。这里的旋转角度 $\beta = \pi/4$,在旋转前 CCD 图像传感器与北向的夹角 $A = 4.124$rad。将其代入式(4.33),并将表 4.3 中识别的恒星数据直观地显示出来,可以得出图 4.11 所示的示意图。表明当恒星像点的 CCD 图像坐标处于图中所示的阴影部分时,则在旋转后拍摄的星图中这些恒星将再次出现。图 4.11 中的数据分布与表 4.7 所示的结果完全一致。

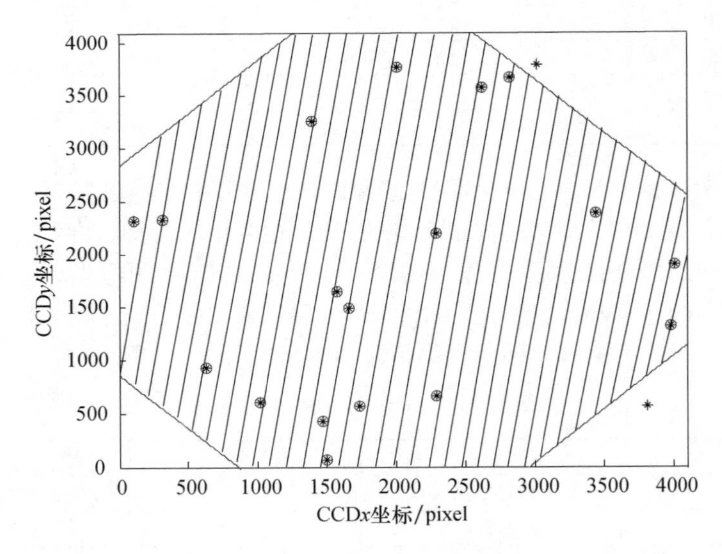

图 4.11　恒星星点示意图

为提高星图识别的速度,首先采用星表对单个拍摄循环中的第 9 幅星图进行识别,得到一组识别星点数据。将这些识别出来的恒星作为简化星表对其他星图进行识别。随机选择拍摄的一个拍摄循环进行分析,可以得出识别恒星的数量如表 4.8 所示。

表4.8　识别恒星数量

星图编号	快速星图识别的恒星数量	采用星表的识别数量	星图编号	快速星图识别的恒星数量	采用星表的识别数量
1	11	20	9	23	23
2	12	19	10	21	22
3	14	20	11	20	23
4	15	20	12	19	21
5	16	18	13	16	21
6	18	20	14	18	23
7	17	18	15	14	20
8	21	21	16	15	21

选择对称位置的星图数据为一解算单元，显然每个拍摄循环中包含了8个解算单元。对该拍摄循环进行解算，得到的每个解算单元计算的天文经纬度坐标如图4.12所示。

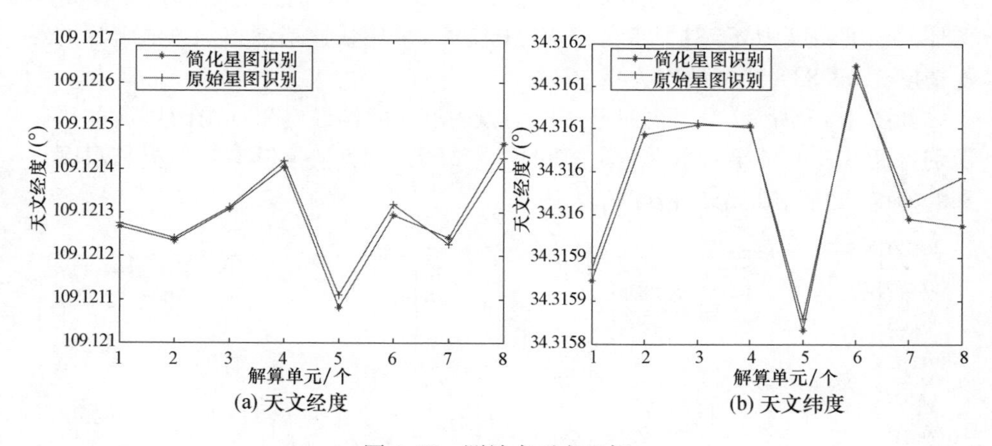

图4.12　测站点天文坐标

从图4.12可以看出，采用快速星图识别方法解算出来的天文坐标与运用恒星星表进行星图识别解算的天文坐标基本一致。为了更好地说明快速星图识别方法的定位精度，分别采用改进前的星图识别方法与快速星图识别方法对同一测站点上拍摄的恒星星图进行解算，任意选取3个拍摄循环，共24个解算单元对测站点天文坐标进行解算，并比较精度，定位结果如表4.9所示。

表 4.9　定位结果

编号	快速星图识别方法		改进前的识别方法		编号	快速星图识别方法		改进前的识别方法	
	天文经度/(°)	天文纬度/(°)	天文经度/(°)	天文纬度/(°)		天文经度/(°)	天文纬度/(°)	天文经度/(°)	天文纬度/(°)
1	109. 12112	34. 31593	109. 12113	34. 31595	13	109. 12128	34. 31613	109. 12127	34. 31614
2	109. 12121	34. 31592	109. 12116	34. 31592	14	109. 12116	34. 31595	109. 12114	34. 31596
3	109. 12126	34. 31592	109. 12124	34. 31592	15	109. 12110	34. 31605	109. 12111	34. 31605
4	109. 12132	34. 31603	109. 12134	34. 31601	16	109. 12116	34. 31604	109. 12118	34. 31600
5	109. 12121	34. 31606	109. 12118	34. 31608	17	109. 12122	34. 31599	109. 12121	34. 31597
6	109. 12115	34. 31593	109. 12115	34. 31592	18	109. 12108	34. 31601	109. 12110	34. 31601
7	109. 12111	34. 31592	109. 12112	34. 31592	19	109. 12123	34. 31595	109. 12125	34. 31594
8	109. 12118	34. 31600	109. 12119	34. 31601	20	109. 12146	34. 31613	109. 12145	34. 31614
9	109. 12136	34. 31613	109. 12135	34. 31611	21	109. 12134	34. 31610	109. 12135	34. 31609
10	109. 12127	34. 31597	109. 12125	34. 31597	22	109. 12123	34. 31596	109. 12123	34. 31595
11	109. 12116	34. 31596	109. 12119	34. 31595	23	109. 12120	34. 31611	109. 12120	34. 31609
12	109. 12129	34. 31623	109. 12130	34. 31622	24	109. 12106	34. 31610	109. 12105	34. 31609

对表 4. 9 中的数据进行分析,可得改进前的星图识别方法解算的单个定位循环的经度精度为 0. 281″,纬度精度为 0. 265″,采用快速星图识别方法解算的经度精度为 0. 283″,纬度精度为 0. 262″。

如图 4. 13 所示,采用快速星图识别方法解算的经纬度坐标与改进前的星图识别方法解算的结果基本一致。显然快速星图识别方法能够有效地提高星图识别的速度,并能满足定位精度的要求。

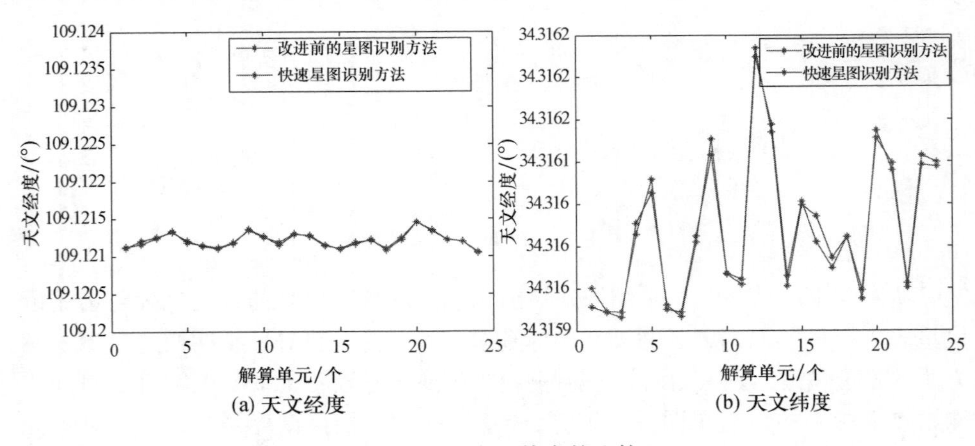

图 4. 13　天文经纬度的比较

4.4　基于新星筛选的星图识别算法

在拍摄的恒星星图中存在着相同恒星,对拍摄的恒星星图进行分析,研究出不同时间拍摄星图之间的转换参数,简化星图识别的过程。

4.4.1　共有星及参数分析

选取所拍摄星图中相邻的两幅星图,两幅星图的拍摄时间间隔约为40s。经过星图处理和星图识别后,得到恒星在像平面中的坐标、天球坐标系中的坐标和星等。识别的恒星数据如表4.10~表4.12所示。

表4.10　第1幅星图识别结果

编号	天文纬度/(°)	天文经度/(°)	星等
1	33.13834	110.1959	8.42
2	33.22042	108.3514	8.94
3	33.2729	107.9299	10.62
4	33.27831	109.2664	8.46
5	33.30102	108.9143	9.26
6	33.36557	107.7307	8.18
7	33.55454	109.9484	9.18
8	33.59539	110.1621	8.14
9	34.02517	107.6295	5.81
10	34.09699	109.1856	9.08
11	34.20494	108.2575	10.62
12	34.45271	110.4948	7.69
13	34.54179	107.6819	10.15
14	34.61138	109.0608	8.1
15	34.68099	109.9066	9.14
16	35.08129	109.9588	8.72
17	35.19347	109.1971	9.71
18	35.65301	109.8726	8.76

表 4.11　第 2 幅星图识别结果

编号	纬度/(°)	经度/(°)	星等
1	32.92658	109.7892	9.13
2	33.13834	110.0455	8.42
3	33.22042	108.201	8.94
4	33.27831	109.116	8.46
5	33.30102	108.7639	9.26
6	33.55454	109.798	9.18
7	33.59539	110.0117	8.14
8	34.02517	107.4791	5.81
9	34.09699	109.0352	9.08
10	34.20494	108.1071	10.62
11	34.45271	110.3444	7.69
12	34.54179	107.5315	10.15
13	34.61138	108.9104	8.1
14	34.68099	109.7562	9.14
15	35.08129	109.8084	8.72
16	35.19347	109.0467	9.71
17	35.65301	109.7222	8.76

表 4.12　两幅星图中相同星

编号	天文纬度/(°)	天文经度/(°)	星等
1	33.13834	110.1959	8.42
2	33.22042	108.3514	8.94
3	33.27831	109.2664	8.46
4	33.30102	108.9143	9.26
5	33.55454	109.9484	9.18
6	33.59539	110.1621	8.14
7	34.02517	107.6295	5.81
8	34.09699	109.1856	9.08
9	34.20494	108.2575	10.62
10	34.45271	110.4948	7.69
11	34.54179	107.6819	10.15
12	34.61138	109.0608	8.1
13	34.68099	109.9066	9.14
14	35.08129	109.9588	8.72
15	35.19347	109.1971	9.71
16	35.65301	109.8726	8.76

比较上述3个表可知,相邻两幅星图中包括16颗共有星,共有星量占到了第2幅星图总星量的94.1%。表4.13统计了7幅星图中相邻两幅图之间共有星的数量。

表4.13 相同星

编号	1	2	3	4	5	6	7
星量	18	17	18	18	17	19	19
共同星量	—	16	15	18	16	17	19
百分比	—	94.1%	83.3%	100%	94.1%	89.5%	100%

由此可见,在地面数字天文摄影仪正常的拍摄流程下,相邻两幅星图的共有星可达一幅星图恒星总量的80%以上。这也说明如果筛选出新增加的恒星,并单独识别新增加的恒星,将显著提高星图识别的效率。

为消除地面数字天文摄影仪的光轴偏差与倾角仪的线性漂移,采用了旋转观测的策略,加上地球自身的旋转,相邻两幅星图中的恒星坐标存在旋转和平移的关系。新星筛选的第一步便是将前一幅星图中的恒星转换到后一幅星图的坐标中。假设两图之间的旋转角度为α,第1幅星图中星点坐标为(x_{1i},y_{1i}),第2幅星图中星点坐标为(x_{2i},y_{2i}),坐标原点为(0,0),两幅星图之间的平移量为$(\Delta x,\Delta y)$,则第1幅图与第2幅图之间的旋转关系为

$$\begin{bmatrix} \cos\alpha & \sin\alpha \\ -\sin\alpha & \cos\alpha \end{bmatrix} \begin{bmatrix} x_{1i}+\Delta x \\ y_{1i}+\Delta y \end{bmatrix} = \begin{bmatrix} x_{2i} \\ y_{2i} \end{bmatrix} \tag{4.34}$$

在实际中,设备的旋转轴在图像中的坐标并非为(0,0),即旋转轴与(0,0)不重合,设旋转轴在星图坐标中的坐标为(a,b),则式(4.34)变为

$$\begin{bmatrix} \cos\alpha & \sin\alpha \\ -\sin\alpha & \cos\alpha \end{bmatrix} \begin{bmatrix} x_{1i}+\Delta x+a \\ y_{1i}+\Delta y+b \end{bmatrix} - \begin{bmatrix} a \\ b \end{bmatrix} = \begin{bmatrix} x_{2i} \\ y_{2i} \end{bmatrix} \tag{4.35}$$

一般情况下,两幅图直接的旋转角度是已知的,以实际使用的设备为例,两幅图像之间的旋转角均为45°,则$\alpha=45°$。(a,b)的值可通过试验得到,变化相对较小。表4.14所示为设备的试验值。

表4.14 旋转轴坐标

a	b
44.79595	4.666115
44.62186	4.279866
44.58059	4.1042
44.94073	5.008305

(续)

a	b
44.79595	4.666115
44.62186	4.279866
44.58059	4.1042
44.94073	5.008305

平移矢量($\Delta x,\Delta y$)的计算需识别两幅相邻的星图,并通过天球坐标找出两幅星图中相同星的图像坐标,求得平移矢量的值。根据表4.13中的共星和式(4.35)计算平移参数,结果如表4.15所示。

表4.15　平移参数

编号	Δx	Δy
1	47.93507	138.7039
2	50.43576	137.3139
3	48.77322	137.592
4	49.43207	137.5083
5	47.96566	137.4111
6	47.67597	137.7623
7	50.49339	135.5535
8	48.78484	136.4195
9	49.93227	135.0224
10	46.4268	136.3708
11	49.94068	135.4327
12	48.39828	135.3774
13	47.0719	135.9216
14	46.73432	135.2538
15	47.62956	134.8928
16	46.82348	134.0812
均值	48.4033	136.2886

得到平移参数后,即可利用已知的旋转角度和平移参数归算任何相邻的两幅星图。将第2幅星图的恒星坐标归算到第3幅星图的坐标系中并分析转换的精度,如表4.16所示。

表 4.16　第 2 幅星图归算值与第 3 幅星图检测值

检测值		归算值		差值	
365.0628	2067.431	365.3571	2064.838	-0.29429	2.593229
515.5292	1750.586	516.2669	1748.511	-0.73774	2.074678
1209.091	3407.989	1207.377	3406.738	1.713467	1.250297
969.375	2548.958	968.8332	2547.34	0.541764	1.618778
1109.943	2862.335	1108.874	2860.705	1.069046	1.629661
1051.07	1818.485	1051.939	1816.839	-0.86817	1.645476
1028.037	1607.479	1029.079	1605.859	-1.04263	1.619974
1891.452	2302.17	1891.632	2302.215	-0.18047	-0.04471
2314.02	3098	2312.897	3098.276	1.122637	-0.27594
1865.238	979.4881	1866.884	979.0164	-1.6461	0.471674
2494.759	2213.509	2494.644	2213.959	0.115396	-0.44944
2300.436	1424.453	2301.403	1424.74	-0.96709	-0.28691
2722.971	1224.032	2724.439	1224.861	-1.46853	-0.82863
3086.992	1862.529	3087.873	1864.315	-0.88127	-1.78527
3377.725	1081.621	3379.138	1083.384	-1.41322	-1.76304

从表 4.16 中可以看出,归算值与检测值之间的误差基本保持在 3pixel 以内,保证了栅格划分的准确性,从而提高了星图识别的准确度。

4.4.2　新星筛选下的识别算法

平移矢量求出后,相邻两幅图像中的坐标转换就可以实现,进一步就可以进行新星的筛选。相邻两幅星图中,已完成星图识别的设为星图 1,待识别的设为星图 2。将星图 1 中的恒星坐标换算到星图 2 的坐标中,并栅格化,形成栅格矩阵。栅格化公式为

$$\begin{cases} m = \left[\dfrac{x_i}{\Delta_x} \right] \\ n = \left[\dfrac{y_i}{\Delta_y} \right] \end{cases} \tag{4.36}$$

式中:[　]为取最大整数的运算符;Δ 为栅格大小。星图 1 栅格化后形成的 $m \times n$ 矩阵设为 $\boldsymbol{M}_1$,存在星点的栅格赋值 2,如图 4.14 所示,左侧为星图栅格化后的结果,右图为赋值后的结果,空白栅格的值为 0。

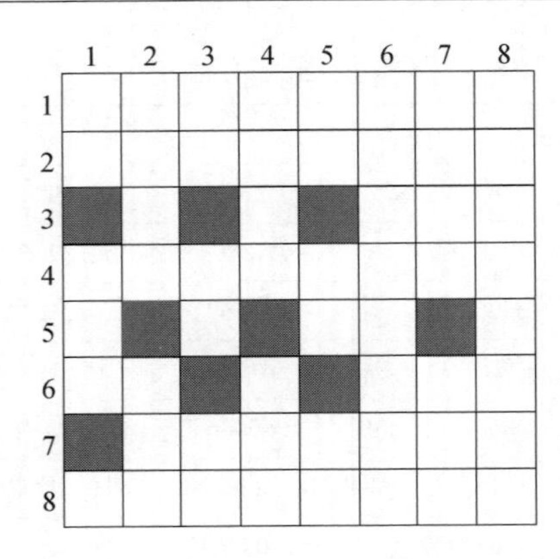
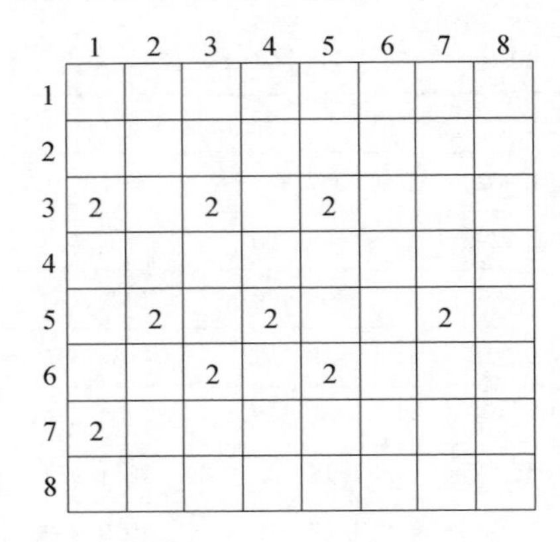

图 4.14　星图 1 栅格化与赋值

依照同样的划分方法将星图 2 栅格化，并给星点存在的栅格赋值为 1，形成矩阵 $\boldsymbol{M}_2$，如图 4.15 所示。对两矩阵作差值 $\Delta M = \boldsymbol{M}_1 - \boldsymbol{M}_2$，结果如图 4.16 所示。

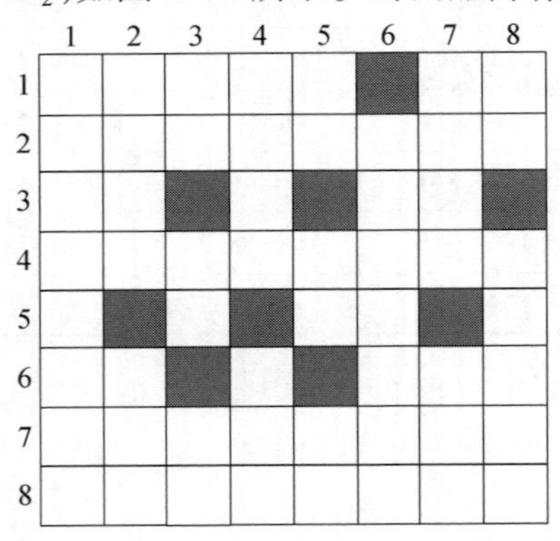
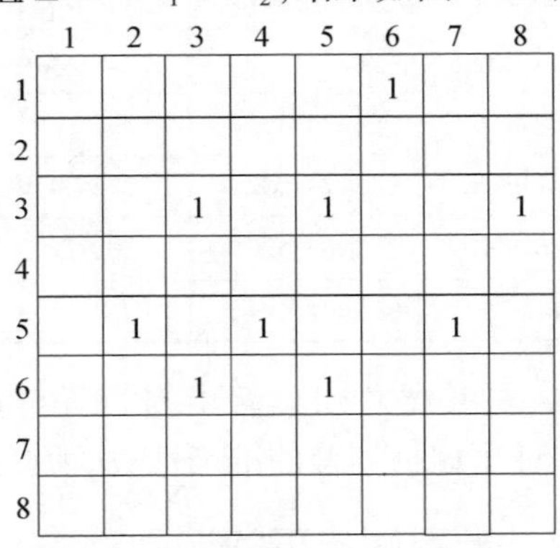

图 4.15　星图 2 栅格化与赋值

	1	2	3	4	5	6	7	8
1						−1		
2								
3	2		1		1			−1
4								
5		2		1			1	
6			1		1			
7	2							
8								

图 4.16　星图差值

由上述分析可知,经过矩阵运算即可筛选出星图2与星图1所共有的恒星、新增加的恒星以及星图1中消失的恒星。由于星图1中恒星的天球坐标已经识别出,因此,星图2中与星图1共有恒星的天球坐标可直接得到而无需识别,只需识别新增恒星。如图4.17所示,有3颗消失的恒星、6颗相同的恒星以及2颗新增恒星。

新星识别采取三角形识别方法,如图4.17所示,新星(1,6)与新星(3,8)分别与共有已识别星(3,5)和(5,7)组成两个三角形,搜索匹配时只需搜索特征星库中星(3,5)和(5,7)所组成的三角形,识别效率进一步提高。

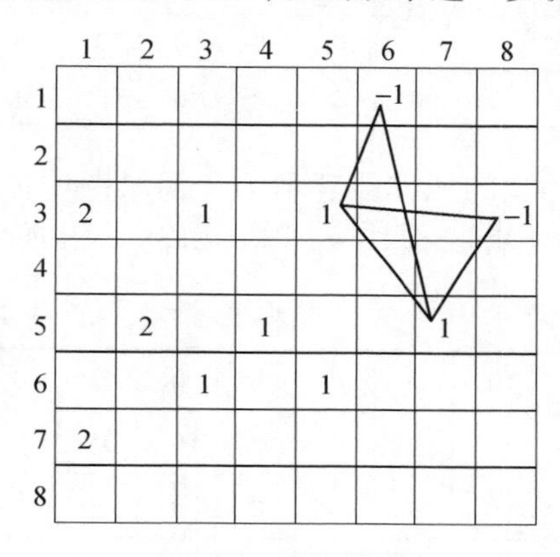

图4.17　新星识别

4.4.3　试验数据分析

假设第2幅星图已经识别,而第3幅星图是待识别的星图,将第2幅星图换算到第3幅星图的坐标中,并栅格化,CCD图像传感器的像素数量为4096×4096,星量基本在20颗以内,因此将CCD平面划分成32×32的栅格矩阵。第2幅星图栅格化后,取栅格矩阵的前16×16格,如表4.17所示。

表4.17　第2幅星图栅格化局部

0	0	0	0	0	0	0	0	0	0	0	0	0	0	2	0
0	0	0	0	0	0	0	0	0	0	0	0	0	0	0	0
0	0	0	0	0	0	0	0	0	0	0	0	0	0	0	0
0	0	0	0	0	0	0	0	0	0	0	0	0	0	0	0
0	0	0	0	0	0	0	0	0	0	0	0	0	0	0	0
0	0	0	0	0	0	0	0	2	0	0	0	0	0	0	0
0	0	0	0	2	0	0	0	0	0	0	0	0	0	0	0

（续）

0	0	0	0	0	0	0	0	2	0	0	0	0	0	0	0
0	0	0	0	0	0	0	0	0	0	0	0	0	0	0	0
0	0	2	0	0	0	0	0	0	0	0	0	0	0	0	0
0	0	0	0	0	0	0	0	0	0	0	0	0	0	2	0
0	0	0	0	0	0	0	0	0	0	0	0	0	0	0	0
0	0	0	0	0	0	0	2	0	0	0	0	0	0	0	0
0	0	0	0	0	0	0	0	0	0	0	0	0	0	0	0
0	0	0	0	0	0	0	0	0	0	0	0	0	0	0	0
0	0	0	0	0	0	0	0	2	0	0	0	0	0	0	0

表4.17中栅格值为2的地方即表示第2幅星图中恒星所在位置。按同样方法将第3幅星图栅格化后取前16×16格，如表4.18所示。

表4.18　第3幅星图栅格化局部

0	0	0	0	0	0	0	0	0	0	0	0	0	0	1	0
0	0	0	0	0	0	0	0	0	0	0	0	0	0	0	0
0	0	0	0	0	0	0	0	0	0	0	0	0	0	0	0
0	0	0	0	0	0	0	0	0	0	0	0	0	0	0	0
0	0	0	1	0	0	0	0	0	0	0	0	0	0	0	0
0	0	0	1	0	0	0	0	1	0	0	0	0	0	0	0
0	0	0	0	1	0	0	0	0	0	0	0	0	0	0	0
0	0	0	0	0	0	0	0	1	0	0	0	0	0	0	0
0	0	0	0	0	0	0	0	0	0	0	0	0	0	0	0
0	0	1	0	0	0	0	0	0	0	0	0	0	0	0	0
0	0	0	0	0	0	0	0	0	0	0	0	0	0	1	0
0	0	0	0	0	0	0	0	0	0	0	0	0	0	0	0
0	0	0	0	0	0	0	1	0	0	0	0	0	0	0	0
0	0	0	0	0	0	0	0	0	0	0	0	0	0	0	0
0	0	0	0	0	0	0	0	0	0	0	0	0	0	0	0

表4.18中栅格值为1的地方即表示第3幅星图中恒星所在位置，两矩阵的差值如表4.19所示。

表 4.19　第 2 幅图与第 3 幅图栅格的差值

0	0	0	0	0	0	0	0	0	0	0	0	0	0	1	0
0	0	0	0	0	0	0	0	0	0	0	0	0	0	0	0
0	0	0	0	0	0	0	0	0	0	0	0	0	0	0	0
0	0	0	0	0	0	0	0	0	0	0	0	0	0	0	0
0	0	0	-1	0	0	0	0	0	0	0	0	0	0	0	0
0	0	0	-1	0	0	0	0	1	0	0	0	0	0	0	0
0	0	0	0	1	0	0	0	0	0	0	0	0	0	0	0
0	0	0	0	0	0	0	0	1	0	0	0	0	0	0	0
0	0	0	0	0	0	0	0	0	0	0	0	0	0	0	0
0	0	1	0	0	0	0	0	0	0	0	0	0	0	0	0
0	0	0	0	0	0	0	0	0	0	0	0	0	0	1	0
0	0	0	0	0	0	0	0	0	0	0	0	0	0	0	0
0	0	0	0	0	0	0	1	0	0	0	0	0	0	0	0
0	0	0	0	0	0	0	0	0	0	0	0	0	0	0	0
0	0	0	0	0	0	0	0	0	0	0	0	0	0	0	0

分析表 4.19 可知，值为 -1 的栅格有两处，由于篇幅限制还有一处未包含在表中，由此可得到第 3 幅星图相对于第 2 幅星图增加的新星为 3 颗，与第 2 幅星图共有的恒星有 7 颗。7 颗共有恒星的经纬度可以直接得到，新增加的恒星利用三角形方法单独识别，结果如表 4.20 所示。

表 4.20　新增恒星的识别

纬度/(°)	经度/(°)	星等
33.09483	110.0771	8.68
33.20947	110.2166	8.84
34.81673	110.8051	8.32

上述通过新星筛选识别的方法与每幅星图单独识别的结果是一致的，表明了新星图识别方法的正确性。综上所述，基于新星筛选的识别方法，计算简洁，效率高，能够较为有效地降低地面数字天文摄影仪星图识别的冗余性。

参考文献

[1] 胡明城. 现代大地测量学的理论及其应用[M]. 北京:测绘出版社,2003.

[2] 周亮,沈云中,陈秋杰. 垂线偏差对隧道贯通误差的影响规律及影响值计算[J]. 测绘通报,2013,8(10):11-14.

[3] 王恒,李永刚,李生平. 垂线偏差对航天测控数据处理精度影响分析[J]. 飞行器测控学报,2010,29(3):65-67.

[4] 邢乐林,刘冬至,金涛勇,等. 垂线偏差对用卫星测高数据建立海面高模型的影响[J]. 大地测量与地球动力学,2007,27(2):61-63.

[5] HIRT C. The digital zenith camera TZK2-D-a modern high-precision geodetic instrument for automatic geographic positioning in real-time[C]. Astronomical Data Analysis Software and Systems Ⅶ. 2003,295-156.

[6] 曾志雄,胡晓东,谷林,等. 数字天顶摄影仪的图像处理[J]. 光子学报,2004,33(2):248-251.

[7] 周召发,刘先一,张志利,等. 基于地面数字天文摄影仪的双轴倾角仪研究[J]. 光子学报,2015,44(8):21-26.

[8] 郑磊. 一种天文舰位线的算法改进[J]. 舰船电子工程,2008,6(2):107-109.

第 5 章　地面数字天文摄影仪的定位方法

运用地面数字天文摄影仪进行定位时,主要包括天文坐标的解算和倾角补偿两部分内容,如图 5.1 所示。考虑到识别星点中可能存在着因匹配错误等原因造成的粗大误差,需要对星点数据进行筛选。这里分别对天文定位方法展开具体的研究。

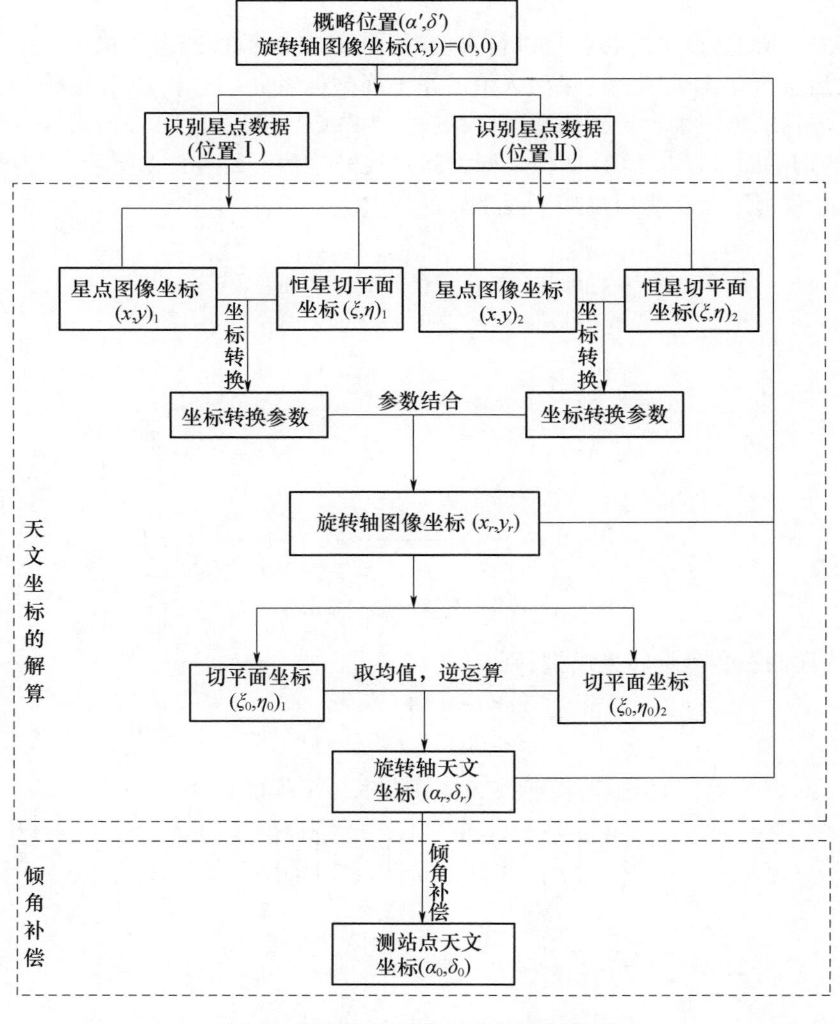

图 5.1　地面数字天文摄影仪定位原理图

5.1 星点数据的筛选

运用地面数字天文摄影仪定位时,常采用四参数模型进行坐标之间的变换。恒星的 CCD 图像坐标和切平面坐标均含有一定的误差,为了高精度地解算识别恒星的坐标转换参数,本节引入了混合最小二乘算法。另外,在识别的恒星中可能存在着含有粗大误差的恒星星点,这里将对这些含有粗大误差的星点数据进行筛选。

5.1.1 坐标转换模型的构建

运用地面数字天文摄影仪进行定位时,由 CCD 图像传感器拍摄天顶上的星图,之后进行星图识别。这里引入恒星切平面坐标系 $o-\xi\eta$ 和 CCD 图像坐标系 $O'xy$,分别求出识别恒星的切平面坐标(ξ,η)和 CCD 图像坐标(x,y),建立识别恒星的切平面坐标与 CCD 图像坐标之间的映射关系。如图 5.2 所示,O'为 CCD 图像坐标的原点,O 为恒星切平面坐标的原点。

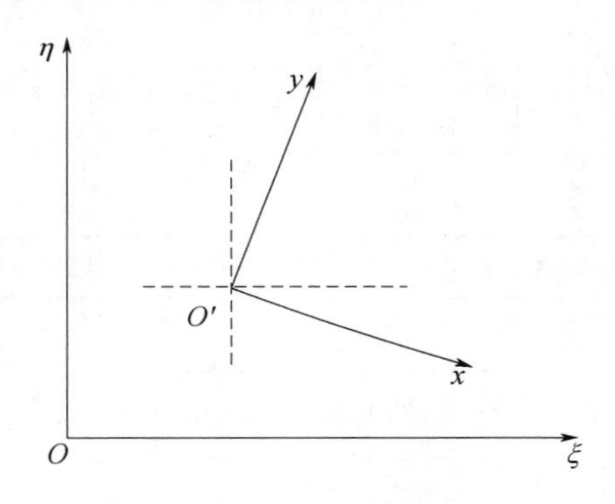

图 5.2 参数模型示意图

构建四参数坐标转换模型,则有

$$
\begin{aligned}
\eta &= -ax + by + c_1 \\
\xi &= bx + ay + c_2
\end{aligned}
\tag{5.1}
$$

式中,(a,b,c_1,c_2)为坐标转换参数。将其表示为矩阵形式,则有

$$
\begin{bmatrix} \eta \\ \xi \end{bmatrix} = \begin{bmatrix} -a & b \\ b & a \end{bmatrix} \begin{bmatrix} x \\ y \end{bmatrix} + \begin{bmatrix} c_1 \\ c_2 \end{bmatrix} \tag{5.2}
$$

令

$$
\boldsymbol{l} = [\eta_1 \cdots \eta_n \quad \xi_1 \cdots \xi_n]^{\mathrm{T}} \tag{5.3}
$$

$$A=\begin{bmatrix}1 & 0 & -x_1 & y_1\\ \vdots & \vdots & \vdots & \vdots\\ 1 & 0 & -x_n & y_n\\ 0 & 1 & y_1 & x_1\\ \vdots & \vdots & \vdots & \vdots\\ 0 & 1 & y_n & x_n\end{bmatrix} \tag{5.4}$$

当识别的恒星星点的数目较多时,可将式(5.2)表示为

$$\boldsymbol{l}=\boldsymbol{A}\boldsymbol{x} \tag{5.5}$$

式中,$\boldsymbol{A}$ 为由识别恒星的 CCD 图像坐标构建的矩阵,$\boldsymbol{l}$ 为识别恒星的切平面坐标构建的矩阵,$\boldsymbol{x}$ 为待求参数(a,b,c_1,c_2)。

5.1.2　坐标转换参数的解算

由识别星点的 CCD 图像坐标构建的系数矩阵 $\boldsymbol{A}$ 中存在着不含误差的常数列,而其余每一列都有误差且不可忽略。另外,由识别恒星的切平面坐标构建的矩阵 $\boldsymbol{l}$ 中也含有一定的误差。因此,这里引入了混合最小二乘算法。将系数矩阵 $\boldsymbol{A}$ 和转换参数 $\boldsymbol{x}$ 分解为

$$\begin{aligned}A=[\boldsymbol{A}_1,\boldsymbol{A}_2],\boldsymbol{A}_1\in \boldsymbol{R}^{k\times d_1},\boldsymbol{A}_2\in \boldsymbol{R}^{k\times d_2}\\ \boldsymbol{x}=[\boldsymbol{x}_1^{\mathrm{T}},\boldsymbol{x}_2^{\mathrm{T}}]^{\mathrm{T}},\boldsymbol{x}_1\in \boldsymbol{R}^{d_1},\boldsymbol{x}_2\in \boldsymbol{R}^{d_2}\end{aligned} \tag{5.6}$$

式中,k 为由识别恒星的 CCD 图像坐标组成的矩阵的行数,$\boldsymbol{A}_1$ 为不含误差的常数列,d_1、d_2 分别为矩阵 $\boldsymbol{A}_1$、$\boldsymbol{A}_2$ 对应的参数个数。可以将方程(5.5)表示为

$$\boldsymbol{A}_1\boldsymbol{x}_1+(\boldsymbol{A}_2+E_{\boldsymbol{A}_2})\boldsymbol{x}_2=\boldsymbol{l}+E_l \tag{5.7}$$

采用 QR 分解法对方程进行求解,首先对系数 $\boldsymbol{A}_1$ 进行 QR 分解,可得

$$\boldsymbol{A}_1=\boldsymbol{Q}\boldsymbol{R}_1 \tag{5.8}$$

在式(5.5)左乘 $\boldsymbol{Q}^{\mathrm{T}}$ 可得

$$\boldsymbol{Q}^{\mathrm{T}}[A_1,A_2][\boldsymbol{x}_1^{\mathrm{T}},\boldsymbol{x}_2^{\mathrm{T}}]^{\mathrm{T}}=\boldsymbol{Q}^{\mathrm{T}}\boldsymbol{l} \tag{5.9}$$

则有

$$\begin{aligned}\boldsymbol{C}&=[\boldsymbol{Q}^{\mathrm{T}}A_1,\boldsymbol{Q}^{\mathrm{T}}A_2,\boldsymbol{Q}^{\mathrm{T}}\boldsymbol{l}]\\ &=\begin{bmatrix}\boldsymbol{R}_{11} & \boldsymbol{R}_{12} & \boldsymbol{R}_{1l}\\ 0 & \boldsymbol{R}_{22} & \boldsymbol{R}_{2l}\end{bmatrix}\end{aligned} \tag{5.10}$$

可得

$$\begin{aligned}\boldsymbol{R}_{11}\boldsymbol{x}_1+\boldsymbol{R}_{12}\boldsymbol{x}_2=\boldsymbol{R}_{1l}\\ \boldsymbol{R}_{22}\boldsymbol{x}_2=\boldsymbol{R}_{2l}\end{aligned} \tag{5.11}$$

先运用总体最小二乘算法求解 $\boldsymbol{x}_2$,得到参数估计值$\hat{\boldsymbol{x}}_2$,把$\hat{\boldsymbol{x}}_2$ 代入式(5.11)

中,并运用最小二乘算法解得参数 $\boldsymbol{x}_1$ 的估计值$\hat{\boldsymbol{x}}_1$。最终可得

$$\begin{aligned}\hat{\boldsymbol{x}}_1 &= \boldsymbol{R}_{11}^{-1}(\boldsymbol{R}_{1l} - \boldsymbol{R}_{12}\boldsymbol{x}_{2tls}) \\ \hat{\boldsymbol{x}}_2 &= \boldsymbol{x}_{2tls}\end{aligned} \tag{5.12}$$

5.1.3 星点数据的筛选

在解算测站点天文坐标时,往往直接对试验获得的星点数据进行处理,没有对试验中可能因恒星质心误差或匹配错误等因素造成的含有粗大误差的星点数据进行筛选,直接影响了最终的定位精度。因此,需要对识别的星点数据进行筛选,剔除含有粗大误差的星点数据。对星点数据的筛选流程如图 5.3 所示。

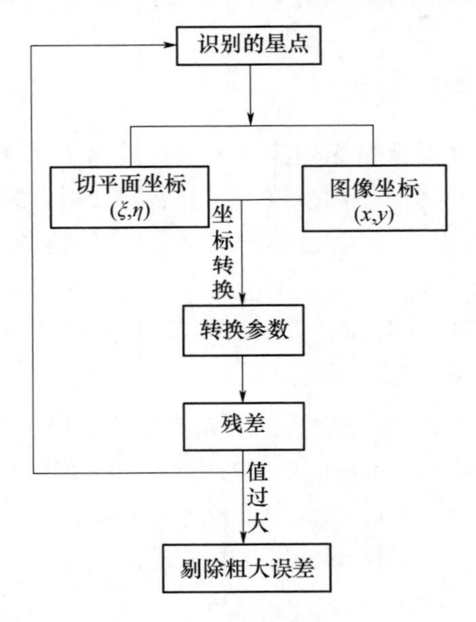

图 5.3 星点筛选流程图

运用混合最小二乘算法解算出恒星切平面坐标与 CCD 图像坐标之间的转换系数,可得残差值为

$$\boldsymbol{v} = \boldsymbol{l} - A\boldsymbol{x} \tag{5.13}$$

通过对残差的分析筛选出含有粗大误差的星点,则有

$$\begin{aligned}\bar{v} &= \sum_{i=1}^{k} v_i / k \\ \sigma &= \sqrt{\frac{\sum_{i=1}^{k} {v_i}^2}{k-1}}\end{aligned} \tag{5.14}$$

这里采用格罗布斯准则对识别的恒星星点进行筛选，将 v_i 按照大小顺序排列成：

$$v_{(1)} \leqslant v_{(2)} \leqslant \cdots \leqslant v_{(k)} \tag{5.15}$$

对恒星星点进行筛选时每次只能筛选出一个含有粗大误差的恒星星点，构建统计量：

$$\begin{aligned} g_{(1)} &= \frac{\bar{v} - v_{(1)}}{\sigma} \\ g_{(k)} &= \frac{v_{(k)} - \bar{v}}{\sigma} \end{aligned} \tag{5.16}$$

当 $g_{(1)} \geqslant g_0(k,\rho)$ 时，认为测得值 $v_{(1)}$ 是一个含有粗大误差的星点，应该予以剔除；当 $g_{(k)} \geqslant g_0(k,\rho)$ 时，表明 $v_{(k)}$ 应予以剔除。其中，$g_0(k,\rho)$ 的值根据要求可通过查表得到。将剩下的恒星星点作为一组新的数据，重新运用混合最小二乘法解算出相应的坐标转换系数，然后将求解的参数代入式(5.13)计算残差，对剩下的恒星进行新一轮的筛选。反复进行上述过程，直到得到稳定的结果。

5.1.4　星点筛选的试验数据分析

任意选择地面数字天文摄影仪拍摄的一个工作循环内的星图进行分析，对其中一幅星图进行识别得到的星点数据如表5.1所示。

表5.1　识别的星点数据

图像坐标 x/pixel	图像坐标 y/pixel	星点天文经度/(°)	星点天文纬度/(°)
2255.917	80.013	107.590	33.240
949.319	3750.379	110.014	35.933
2633.641	3726.931	110.957	34.707
208.401	965.605	107.136	35.122
1816.375	3641.469	110.418	35.257
2203.474	2919.828	110.005	34.640
2654.920	2730.304	110.097	34.225
2007.188	1857.271	108.967	34.276
2082.871	1699.694	108.875	34.146
2171.548	3276.356	110.299	34.830
1374.162	2685.697	109.321	35.125
1369.932	1148.085	107.984	34.388

（续）

图像坐标 x/pixel	图像坐标 y/pixel	星点天文经度/(°)	星点天文纬度/(°)
3542.857	1014.250	109.124	32.775
1963.188	2774.565	109.723	34.766
1444.583	2120.167	108.868	34.804
3333.028	999.963	108.992	32.918
3041.438	2406.062	110.034	33.794
3766.569	2876.361	110.849	33.491

对获得的恒星数据进行处理，可以得出含有粗大误差的星点数据，如表 5.2 所示。

表 5.2　含有粗大误差的星点数据

图像坐标 x/pixel	图像坐标 y/pixel	恒星天文经度/(°)	恒星天文纬度/(°)
1963.188	2774.565	109.723	34.766

将处于对称位置的恒星星图作为一个解算单元，分别运用最小二乘算法和基于星点筛选的混合最小二乘算法对恒星数据进行处理，可得如图 5.4 所示的定位结果。

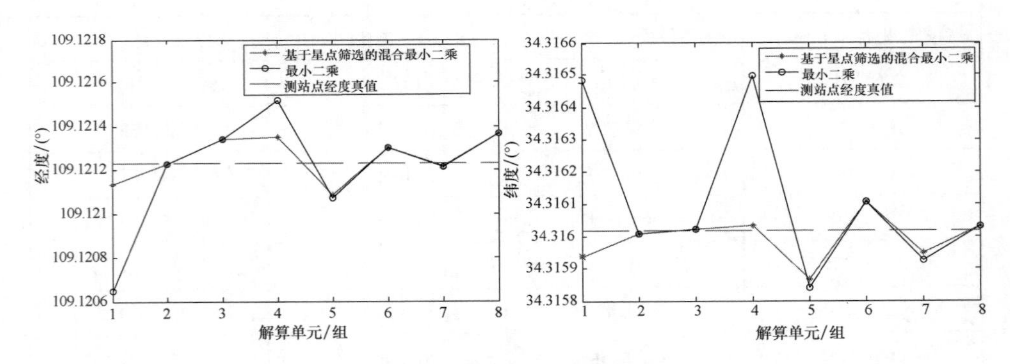

图 5.4　天文坐标的比较

从图 5.4 中可以看出，运用基于星点筛选的混合最小二乘算法解算的测站点的经纬度坐标更加稳定，并且与测站点真实值更加接近。其中由最小二乘算法解算的该定位循环的经度精度为 0.732″，纬度精度为 0.635″；基于星点筛选的混合最小二乘算法解算的经度精度为 0.246″，纬度精度为 0.307″。

5.2　切平面投影定位方法

5.2.1　切平面投影定位原理

如图 5.5 所示,坐标系 $O'-XY$ 为天球平面坐标,它是天球在概略天顶点 $O'(\alpha_0, \delta_0)$处的切平面,X 轴指向东,Y 轴指向北。地球上的坐标系 xoy 为 CCD 像平面坐标。

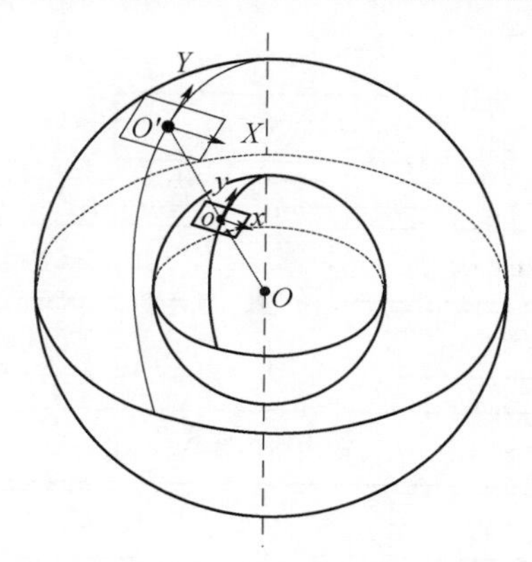

图 5.5　地面数字天文摄影仪定位原理图

地面数字天文摄影仪先进行星图的拍摄,然后对星图进行识别得到恒星在天球中的坐标(α_i, δ_i),并计算恒星在 $XO'Y$ 中的坐标:

$$\begin{aligned} X &= \frac{\tan(\alpha_i - \alpha_0)\cot\delta_i\cos(\alpha_i - \alpha_0)}{\cos\delta_0\cot\delta_i\cos(\alpha_i - \alpha_0) + \sin\delta_0} \\ Y &= \frac{1 - \cot\delta_i\cos(\alpha_i - \alpha_0)\tan\delta_0}{\cot\delta_i\cos(\alpha_i - \alpha_0) + \tan\delta_0} \end{aligned} \tag{5.17}$$

式中,i 为恒星编号。根据 Helmert 变换式:

$$\begin{aligned} X &= a_1 + bx - cy \\ Y &= a_2 + cx + by \end{aligned} \tag{5.18}$$

利用恒星在 xoy 和 $XO'Y$ 中的坐标,计算 xoy 和 $XO'Y$ 之间的转换关系。在理想状况下,xoy 的原点 o 即为测站所在位置,故将中心点坐标(0,0)代入式(5.18),可得到 o 在 $XO'Y$ 中的坐标(a_1, a_2),代入切平面反变换式:

$$\begin{aligned} \alpha_i &= \alpha_0 + \arctan\frac{X_i}{\cos\delta_0 - Y_i\sin\delta_0} \\ \delta_i &= \arctan\frac{(Y_i + \tan\delta_0)\cos(\alpha - \alpha_0)}{1 - Y_i\tan\delta_0} \end{aligned} \tag{5.19}$$

计算得到 o 在天球上的坐标(α_{ccd} , δ_{ccd}),作时间补偿后即可得到测站的天文坐标:

$$\begin{aligned} \Phi &= \delta_{ccd} \\ \Lambda &= \alpha_{ccd} - \Theta \end{aligned} \tag{5.20}$$

式中, Θ 为春分点格林时角。这是在理想状态下地面数字天文摄影仪的定位过程,由于地面数字天文摄影仪存在光轴偏差,因此,在实际定位中通过处于对径位置的两幅星图来消除光轴偏差的影响,此流程需迭代多次才能完成一次定位过程,如图 5.6 所示。

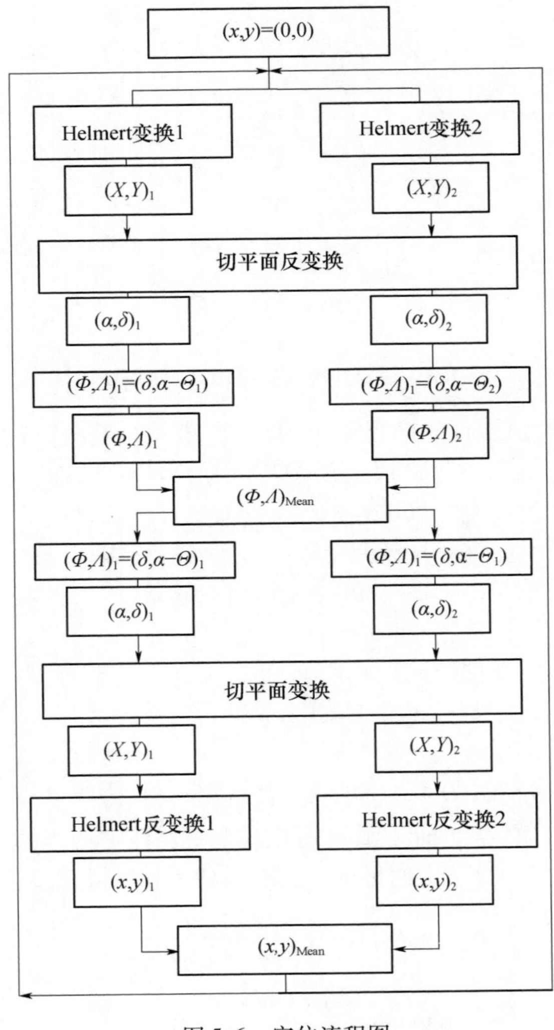

图 5.6　定位流程图

目前,德国汉诺威大学和瑞士苏黎世理工学院对地面数字天文摄影系统的研究最为成熟,而国内对地面数字天文摄影仪的研究才刚刚起步。虽然国内外发展速度有所差别,但是,在定位过程中所使用的定位方法的原理基本一致。现有的地面数字天文摄影仪定位方法主要存在以下问题:计算过程较复杂,在计算过程中需反复进行三角函数和反三角函数的运算;计算中存在一定的误差无法消除,即使在理想状态下这些误差仍存在。因此,针对这些问题提出一种改进的切平面定位方法。

5.2.2 改进的切平面定位方法

假设地面数字天文摄影仪在对径的位置 1 和位置 2 各拍摄一幅星图,理想状况下,两个位置相距 180°,且 o_1 和 o_2 关于 O' 严格对称,两像平面坐标在切平面坐标中的位置如图 5.7 所示。在此情况下,若 O' 在天球坐标上的坐标为 (α_0,δ_0),并忽略时间补偿问题,则由原方法式(5.19)可得,o_1 和 o_2 在天球中坐标的均值表示为

$$
\begin{aligned}
\alpha_{\text{mean}} &= \frac{\alpha_1+\alpha_2}{2} = \alpha_0 + \frac{\arctan\dfrac{a_1}{\cos\delta_0 - a_2\sin\delta_0} - \arctan\dfrac{a_1}{\cos\delta_0 + a_2\sin\delta_0}}{2} \\
\delta_{\text{mean}} &= \frac{\delta_1+\delta_2}{2} \\
&= \frac{\left(\arctan\dfrac{(a_2+\tan\delta_0)\cos(\alpha_{\text{mean}}-\alpha_0)}{1-a_2\tan\delta_0} + \arctan\dfrac{(-a_2+\tan\delta_0)\cos(\alpha_{\text{mean}}-\alpha_0)}{1+a_2\tan\delta_0}\right)}{2}
\end{aligned}
\tag{5.21}
$$

在理想情况下,无需进行迭代,上述均值即表示测站的天文坐标,理论上有

$$
\begin{aligned}
\alpha_{\text{mean}} &= \alpha_0 \\
\delta_{\text{mean}} &= \delta_0
\end{aligned}
\tag{5.22}
$$

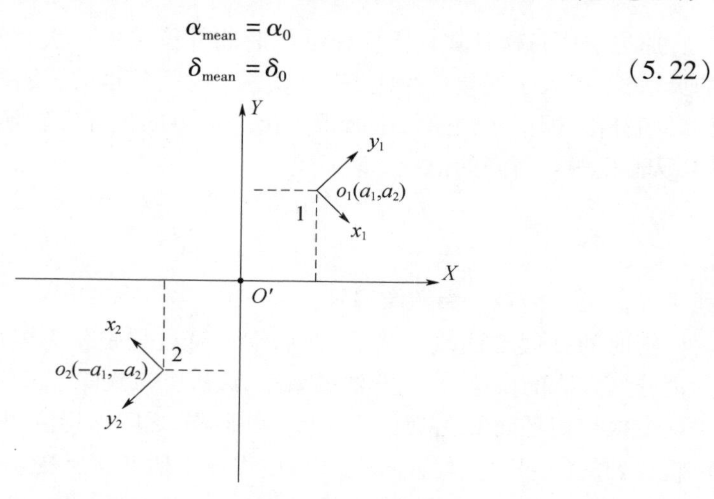

图 5.7　地面数字天文摄影仪观测坐标示意图

在实际工作过程中会存在着一定的误差，赤经 α_{mean} 引入了一项加性误差，相对较小；赤纬 δ_{mean} 不但有本身计算上的误差，而且也引入了赤经的误差，而且赤经赤纬中的误差是始终存在的。由于时间补偿方法的关系，原方法在分别计算两幅星图作均值时，必须在运算过程中进行时间补偿，而时间补偿是与天球坐标相关的，因此原方法不得不在运算过程中作切平面反变换以实现时间误差的补偿，如图 5. 8 所示。通过上述分析可知，误差正是由切平面反变换式引入的。此外，运算过程中反复的切平面变换和切平面反变换还降低了计算的效率。

仪器拍摄每幅星图时都有高精度时间标签，这些时间信息是计算拍摄时刻恒星坐标的关键信息，也是决定定位精度的关键信息。时间补偿的主要目的是将坐标信息从天球坐标系转换到地球固联坐标系中，如图 5. 8 所示，XYZ 为地球固联坐标系，地面数字天文摄影仪的坐标是在该坐标系中定义的；$X'Y'Z$ 为天球坐标系。

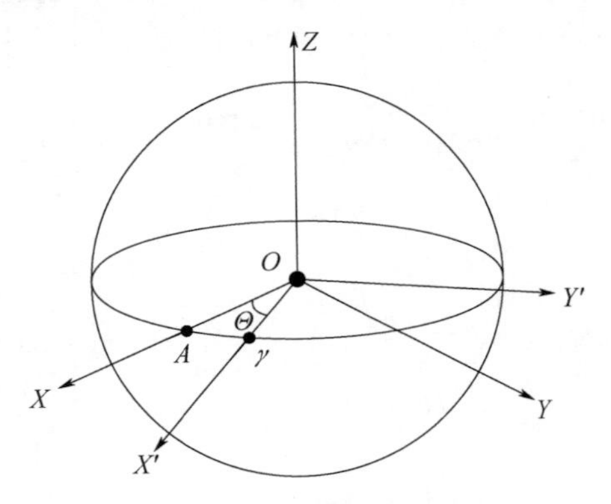

图 5. 8　时间补偿坐标转换示意图

原方法中每次计算均需要作一次时间补偿和去一次时间补偿，限制了算法的灵活性，引入了误差。为此，首先改进了时间补偿方式，在星图识别结束后即作时间补偿，即把每幅图像中所识别出的恒星的坐标都转换到地球固联坐标系中，从而摆脱对时间的依赖。表示为

$$\begin{aligned} \boldsymbol{\Phi}_i &= \delta_i \\ \Lambda_i &= \alpha_i - \boldsymbol{\Theta}_j \end{aligned} \tag{5.23}$$

式中，i 为恒星编号，j 为图像编号。

把时间补偿方法改进之后，在后续计算过程中就无需再考虑时间的影响。为消除原方法的误差，提高算法的效率，改进方法剔除了原方法迭代过程中的切平面变换和切平面反变换。只在 xoy 和 $XO'Y$ 之间做均值和迭代运算，迭代结束后将得到的 $(X,Y)_{mean}$ 代入式(5. 19)中作一次切平面反变换，计算测站的天文坐标 $(\boldsymbol{\Phi},\Lambda)$，改进方法如图 5. 9 所示。

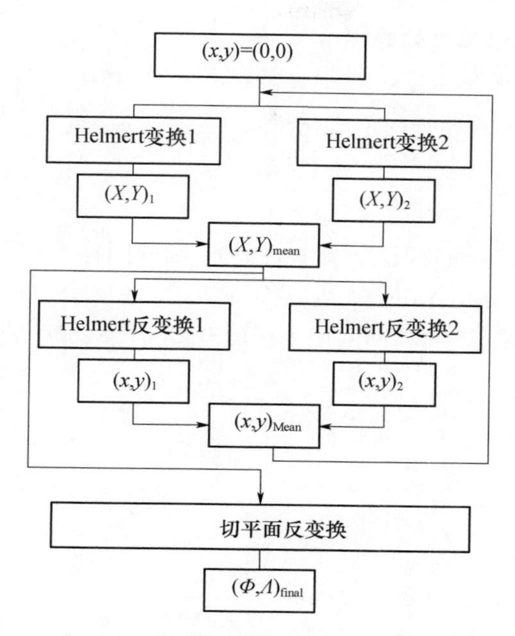

图5.9　改进的地面数字天文摄影仪定位流程图

在图5.9所示情况下,利用改进方法计算,代入(0,0),得到 o_1 和 o_2 在切平面中的坐标分别为(a_1,a_2)和$(-a_1,-a_2)$,均值后得到测站在切平面中的坐标为(0,0),代入式(5.19)算得测站的坐标为(α_0,δ_0)。因此,改进的地面数字天文摄影仪定位方法消除了原定位方法中的固有误差。

改进方法的迭代过程使用下式控制:

$$\sqrt{(x_{k+1}-x_k)^2+(y_{k+1}-y_k)^2}\leqslant\varepsilon \tag{5.24}$$

式中,k 为迭代次数,阈值 ε 可取10^{-8}到10^{-10}。当中心点(x,y)的后一次解算值与前一次解算值差的平方(根)小于阈值 ε 时,迭代结束。

5.2.3　概略位置对定位精度的影响分析

在运用地面数字天文摄影仪进行定位时,需要给定概略位置,因此研究概略位置对于定位结果的影响显得十分必要。假设初始情况下,概略位置与测站真位置重合,则两者的初始坐标均为(α_0,δ_0),对应的切平面坐标为(0,0)。实际情况下,概略位置与真位置必然是不重合的,两者之间经纬度的差值定义为概略位置的误差。

$$\begin{aligned}\Delta\alpha&=\alpha'-\alpha_0\\ \Delta\delta&=\delta'-\delta_0\end{aligned} \tag{5.25}$$

式中,(α',δ')为不重合时概略位置的坐标。

1. 概略位置赤经误差的影响

当概略位置只存在赤经误差 $\Delta\alpha$，即概略位置为$(\alpha_0+\Delta\alpha,\delta_0)$时，可算得概略位置切平面坐标相对重合时的变化量：

$$\begin{aligned}\Delta X&=\Delta\alpha\cos\delta_0\\ \Delta Y&=0\end{aligned}\tag{5.26}$$

在$(\alpha_0+\Delta\alpha,\delta_0)$处重新建立切平面坐标，则两图像坐标原点在新切平面坐标中的坐标变为 $o_1(a_1-\Delta\alpha\cos\delta_0,a_2)$和 $o_2(-a_1-\Delta\alpha\cos\delta_0,-a_2)$。

当概略位置没有误差时，两图像坐标原点在天球坐标中的均值即为天顶点：

$$\begin{aligned}\alpha_0&=\frac{\alpha_1+\alpha_2}{2}\\ \delta_0&=\frac{\delta_1+\delta_2}{2}\end{aligned}\tag{5.27}$$

式中，

$$\begin{aligned}\alpha_1&=\alpha_0+\arctan\frac{a_1}{\cos\delta_0-a_2\sin\delta_0}\\ \delta_1&=\arctan\frac{(a_2+\tan\delta_0)\cos(\alpha_1-\alpha_0)}{1-a_2\tan\delta_0}\end{aligned}\tag{5.28}$$

$$\begin{aligned}\alpha_2&=\alpha_0+\arctan\frac{-a_1}{\cos\delta_0-a_2\sin\delta_0}\\ \delta_2&=\arctan\frac{(-a_2+\tan\delta_0)\cos(\alpha_2-\alpha_0)}{1+a_2\tan\delta_0}\end{aligned}\tag{5.29}$$

当概略位置存在赤经误差时，两坐标平面原点的天球坐标均发生了变化，对新的切平面坐标中两图像原点的坐标进行反变换，可得

$$\begin{aligned}\alpha'_1&=\alpha_0+\Delta\alpha+\arctan\frac{a_1-\Delta\alpha\cos\delta_0}{\cos\delta_0-a_2\sin\delta_0}\\ \delta'_1&=\arctan\frac{(a_2+\tan\delta_0)\cos(\alpha'_1-\alpha_0-\Delta\alpha)}{1-a_2\tan\delta_0}\end{aligned}\tag{5.30}$$

$$\begin{aligned}\alpha'_2&=\alpha_0+\Delta\alpha+\arctan\frac{-a_1-\Delta\alpha\cos\delta_0}{\cos\delta_0-a_2\sin\delta_0}\\ \delta'_2&=\arctan\frac{(a_2+\tan\delta_0)\cos(\alpha'_2-\alpha_0-\Delta\alpha)}{1-a_2\tan\delta_0}\end{aligned}\tag{5.31}$$

则经整理可得概略位置赤经误差对定位结果的影响方程。对赤经的影响为

$$\Delta_{\alpha 1}=\frac{\alpha'_1+\alpha'_2}{2}-\frac{\alpha_1+\alpha_2}{2}=\Delta\alpha\left(\frac{-a_2{}^2\sin^2\delta_0}{\cos^2\delta_0-a_2{}^2\sin^2\delta_0}\right)\tag{5.32}$$

由式(5.32)可知,其影响呈线性且与光轴偏差相关。对定位结果赤纬的影响为

$$\Delta_{\delta 1}=\frac{\delta'_1+\delta'_2}{2}-\frac{\delta_2+\delta_2}{2}$$
$$=(\arctan[\tan(\arctan(a_2)+\delta_0)\cos(\frac{a_1-\Delta\alpha\cos\delta_0}{\cos\delta_0-a_2\sin\delta_0})]$$
$$+\arctan[\tan(-\arctan(a_2)+\delta_0)\cos(\frac{-a_1-\Delta\alpha\cos\delta_0}{\cos\delta_0+a_2\sin\delta_0})])/2-\delta_0 \quad (5.33)$$

2. 概略位置赤纬误差的影响

当概略位置只存在赤纬误差 $\Delta\delta$,即概略位置为$(\alpha_0,\delta_0+\Delta\delta)$时,可得到概略位置的切平面坐标相对重合时的变化:

$$\begin{aligned}\Delta X&=0\\ \Delta Y&=\Delta\delta\end{aligned} \quad (5.34)$$

两图像坐标原点在天球坐标系中的坐标为

$$\begin{aligned}\alpha'_2&=\alpha_0+\arctan\frac{-a_1}{\cos(\delta_0+\Delta\delta)-(-a_2-\Delta\delta)\sin(\delta_0+\Delta\delta)}\\ \delta'_2&=\arctan\frac{(-a_2-\Delta\delta+\tan(\delta_0+\Delta\delta))\cos(\alpha'_1-\alpha_0)}{1-(-a_2-\Delta\delta)\tan(\delta_0+\Delta\delta)}\end{aligned} \quad (5.35)$$

$$\begin{aligned}\alpha'_1&=\alpha_0+\arctan\frac{a_1}{\cos(\delta_0+\Delta\delta)-(a_2-\Delta\delta)\sin(\delta_0+\Delta\delta)}\\ \delta'_1&=\arctan\frac{(a_2-\Delta\delta+\tan(\delta_0+\Delta\delta))\cos(\alpha'_1-\alpha_0)}{1-(a_2-\Delta\delta)\tan(\delta_0+\Delta\delta)}\end{aligned} \quad (5.36)$$

则整理可得到概略位置赤纬误差对定位结果赤经的影响为

$$\Delta_{\alpha 2}=\frac{\alpha'_1+\alpha'_2}{2}-\frac{\alpha_1+\alpha_2}{2}=\Delta\delta(\frac{a_1a_2\cos\delta_0}{\cos^2\delta_0-a_2{}^2\sin^2\delta_0}) \quad (5.37)$$

对定位结果赤纬的影响为

$$\Delta_{\delta 2}=\frac{\delta'_1+\delta'_2}{2}-\frac{\delta_2+\delta_2}{2}=\frac{a_2^2\Delta\delta-\Delta\delta^3}{1-\Delta\delta^2+a_2^2} \quad (5.38)$$

式(5.37)和式(5.38)中,$\Delta\delta$ 单位为角秒(″),值相对较小,可近似视为呈线性。

3. 两者误差的综合影响

根据式(5.26)和式(5.34)可知,当概略位置只存在赤经误差时,其对 Y 坐标没有影响;而当概略位置只存在赤纬误差时,其对 X 坐标没有影响。因此,两者的影响是相互独立、互不干扰的,当概略位置同时存在赤经和赤纬误差时,其误差应为赤经误差和赤纬误差单独影响的叠加。

5.2.4 试验数据分析

采用地面数字天文摄影仪在天文坐标(108°50′33.913″,34°10′21.431″)处进行星图的拍摄。在一个定位循环中共拍摄16幅图像,每个方位拍摄两幅。观测时先顺时针旋转一周,再逆时针旋转一周。

1. 定位试验数据分析

拍摄结束后使用依巴谷星表进行星图识别,每幅图像可识别星量在15~25颗。测站所在位置天文坐标的精度低于0.3″。将相差180°的两幅图像作为1组,共分成8组。用原方法和改进方法分别解算测站天文坐标,其迭代次数如表5.3所示。从表中可以发现,原方法每解算一组需要将图5.6中的流程计算两次,而改进方法只需要将图5.6的流程计算一次。即每计算一组,原方法需要做Helmert变换与反变换各两次,切平面变换与反变换各两次;相比之下,改进方法只需做Helmert变换与反变换各一次,切平面反变换一次。

表5.3 原方法与改进方法的迭代次数

组别	1	2	3	4	5	6	7	8
原方法	2	2	2	2	2	2	2	2
改进方法	1	1	1	1	1	1	1	1

根据式(5.17)、式(5.18)和式(5.19),对一颗星而言,原方法每完整计算一次,需要计算36次三角函数、4次反三角函数、乘法和加法各34次。改进算法每完整计算一次,只需要计算三角函数5次、反三角函数2次、乘法8次、加法9次。假设计算一次三角函数与计算一次反三角函数的时间接近,均为t_1;计算一次乘法的时间为t_2;计算一次加法的时间为t_3。则原方法的计算时间$t_{\text{original}} = 40t_1 + 34t_2 + 34t_3$,改进方法的计算时间为$t_{\text{improved}} = 7t_1 + 8t_2 + 9t_3$。由于三角函数计算复杂,可以认为$t_1 \gg t_2$且$t_1 \gg t_3$,因此,改进算法的计算效率至少比原方法的计算效率高出约6倍。因为原方法在实际计算中的迭代次数一般在2~5次,并非一直保持2次不变。

在实际定位过程中,每一次定位过程都需要观测约40组以上,80幅星图,以提高定位精度,每幅星图中可识别的恒星量在15~25颗。因此,每次观测原方法所花费的解算时间为$1500t_{\text{original}} \sim 2000t_{\text{original}}$,若用改进的算法则可在实际中将解算时间降低到原有的六分之一,即$250t_{\text{original}} \sim 333t_{\text{original}}$。

图5.10和图5.11为改进方法和原方法所解算的8组坐标与真值的误差,其中,图5.10为赤经的误差图,图5.11为赤纬的误差图。显然,两种方法的解算结果非常相近,图中的两条曲线几乎重合。

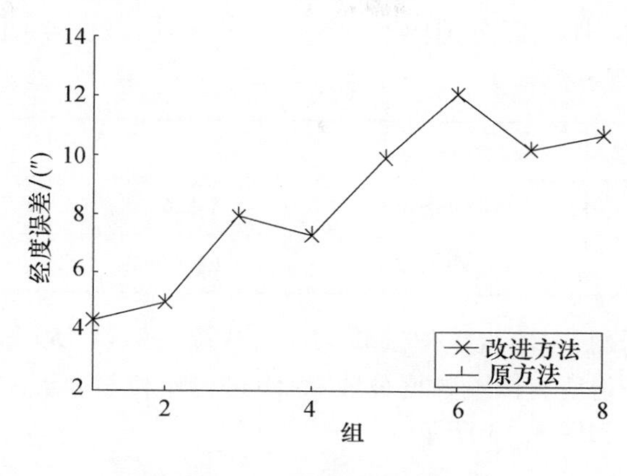

图5.10　赤经误差图

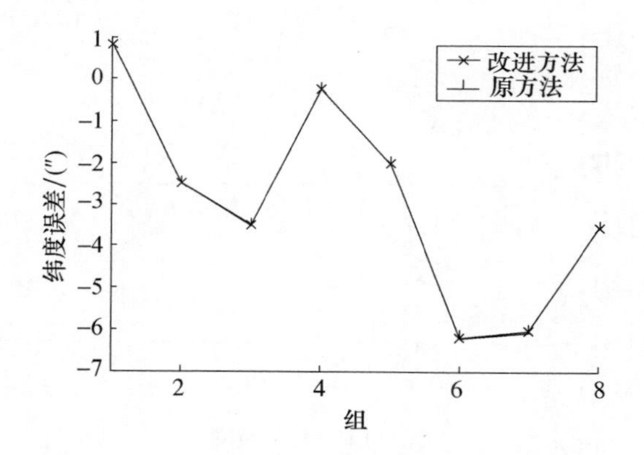

图5.11　赤纬误差图

将8组数值作均值,并补偿倾角误差,与真值的误差如表5.4所示。

表5.4　位置均值误差

均值	改进方法	原方法	差值
赤经/(")	0.503065102	0.500244767	0.00282033
赤纬/(")	-0.47399898	-0.50856031	0.03456133

由表5.4可知,改进方法与原方法所解算的赤经值并无明显差别,若换算成米,原方法比改进方法精度只高出约0.09m;而改进方法所解算的赤纬值的精度要比原方法高约1.05m。改进方法消除了原方法本身算法上存在的误差,精度相较原方法有所提高,但主要为赤纬精度的提高。

表5.5为迭代次数与均值误差之间的关系,从表中可以看出,随着迭代次数的增加,改进方法计算结果的精度并没有进一步地显著提升,因此,在使用改进

方法时没有必要再进一步增加迭代次数,一到两次迭代就已经足够。

表 5.5　迭代次数与均值误差

迭代次数	1	2	3
赤经/(°)	8.44306510	8.44306510	8.44306510
赤纬/(°)	-2.8939989	-2.8939989	-2.8939989

采用切平面投影方法做定位试验 11 次,共拍摄图像 450 幅以上,识别恒星量约为 7000 颗。将所有试验数据分成 25 组进行定位解算,组内解算并作均值的结果如图 5.12 和图 5.13 所示。

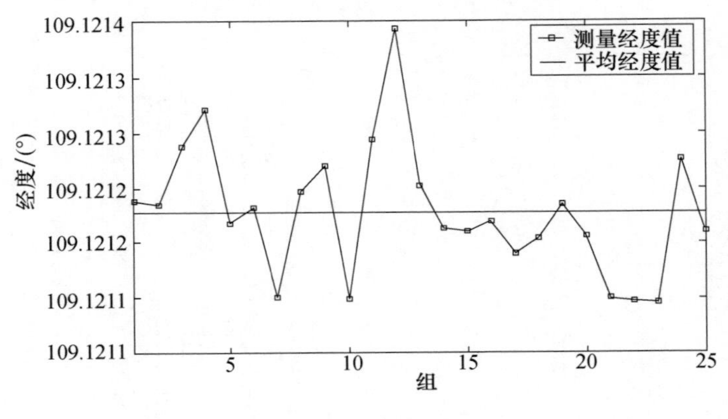

图 5.12　天文经度

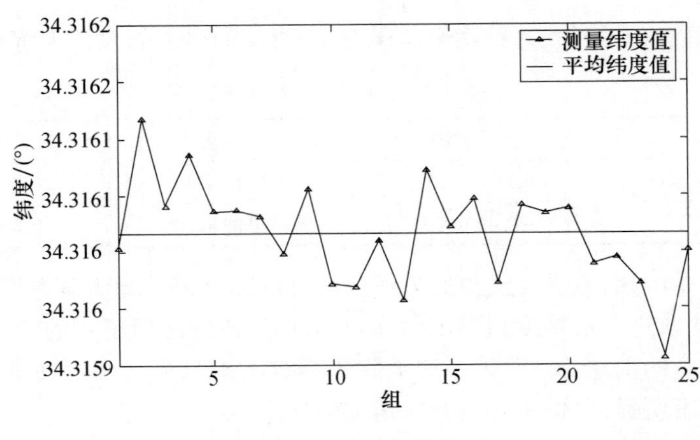

图 5.13　天文纬度

具体解算的定位结果如表5.6所示。

表5.6　定位结果

编号	经度/(°)	纬度/(°)	编号	经度/(°)	纬度/(°)
1	109.1212393	34.3160036	15	109.1212109	34.3160221
2	109.1212363	34.3161179	16	109.1212202	34.3160466
3	109.1212879	34.3160397	17	109.1211903	34.3159721
4	109.1213213	34.3160856	18	109.1212039	34.3160416
5	109.1212175	34.3160362	19	109.1212363	34.3160348
6	109.1212332	34.316037	20	109.1212064	34.3160381
7	109.1211517	34.316031	21	109.1211507	34.3159886
8	109.1212477	34.3159982	22	109.1211471	34.3159949
9	109.1212709	34.3160558	23	109.1211457	34.3159721
10	109.1211494	34.3159712	24	109.1212769	34.3159061
11	109.1212947	34.3159689	25	109.1212117	34.316002
12	109.1213937	34.3160105	均值	109.1212284	34.31601613
13	109.1212527	34.3159571	标准差/(″)	0.2135	0.1635
14	109.1212137	34.3160715			

从以上数据分析可知,使用切平面投影方法所能得到的经纬度观测精度分别能达到0.2303″和0.1538″,达到了国家一级天文点的要求。

2. 概略位置影响的仿真实验及分析

假设地面数字天文摄影仪的视场为3°×3°,像素为4096×4096,初始光轴偏差$a_1=0.1$,$a_2=0.2$。以(109.5°,34.5°)为天顶点,在3°×3°视场内随机生成多幅图像,每幅图像包含星点20~30颗,在星点像平面坐标中加入白噪声。使用所生成的模拟星图分析概略位置误差对定位精度的影响,并与所推导的理论公式做比较,结果如下。

1）概略位置赤经误差的影响

从图5.14中可知,由推导公式计算的理论值与实际仿真结果基本一致。概略位置赤经的误差对定位结果赤经精度影响较大,0.1°产生的误差为0.1210″;对赤纬精度影响较小,0.1°所产生的误差为0.032″。概略位置赤经误差与定位结果赤经赤纬误差均成反比。当将光轴偏差均降低为原来的1/10,即$a_1=0.001$,$a_2=0.002$时,误差影响降低到了原来的1%左右,如图5.14中最上面一条曲线所示。

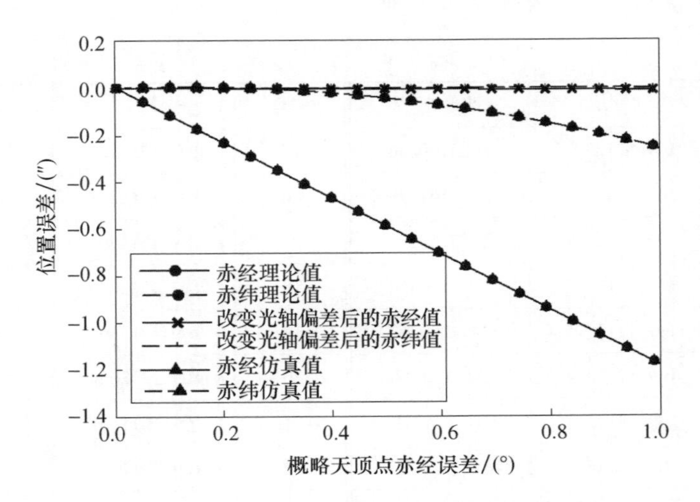

图 5.14　赤经误差对位置的影响

2）概略位置赤纬误差的影响

由图 5.15 可知，赤纬误差与定位结果赤经赤纬误差成正比，且其对赤经和赤纬的影响程度非常接近。每 0.1°误差所产生的赤经误差为 0.1554″，赤纬误差为 0.2416″。当将光轴偏差均降低为原来的 1/10，即 $a_1 = 0.01$，$a_2 = 0.02$ 时，误差影响也降低到了原来的 1% 左右，如图 5.15 中最下面一条曲线所示。光轴偏差的减小较明显地抑制了概略位置误差所产生的影响。

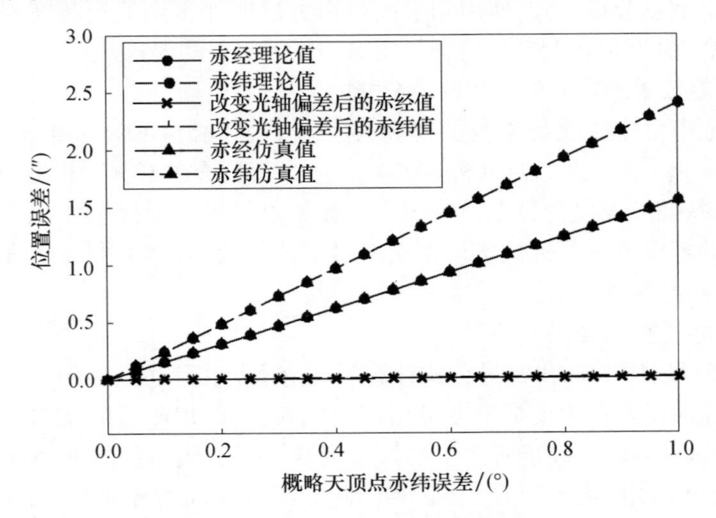

图 5.15　赤纬误差对位置的影响

3）概略位置迭代法的实验分析

使用地面数字天文摄影仪拍摄的 32 幅星图，每幅星图可识别星量在 15 ~ 25 颗。测站近似真位置为（109°7′16. 7″，34°18′57. 571″），精度约为 0. 5″。概略位置迭代过程如表 5. 7 所示。

表 5. 7　迭代数据

迭代次数	经度	纬度
0	108°30′00. 000″	33°30′00. 000″
1	109°07′16. 922″	34°18′57. 506″
2	109°07′16. 836″	34°18′57. 554″
3	109°07′16. 703″	34°18′57. 573″

由表 5. 7 可知，随着迭代过程的进行，定位精度逐渐上升，与近似真值几乎一致。经反复迭代实验发现，迭代过程只需进行 2 ~ 3 次即可获得最终结果。

通过理论推导和实验仿真分析可知，在利用地面数字天文摄影仪定位时，当概略位置的误差过大时，其影响是不能忽视的。为提高定位的精度，改进工艺尽量降低光轴偏差和使用迭代方法都是提高定位精度的有效措施。

5. 3　倾角的修正及分析

运用地面数字天文摄影仪进行天文坐标解算时，旋转轴与垂直轴存在夹角。为了得到测站点垂直轴的天文坐标，需要对天文坐标进行倾角补偿。如图 5. 16 所示，双轴倾角仪能够高精度地测量地面数字天文摄影仪的倾斜角度。

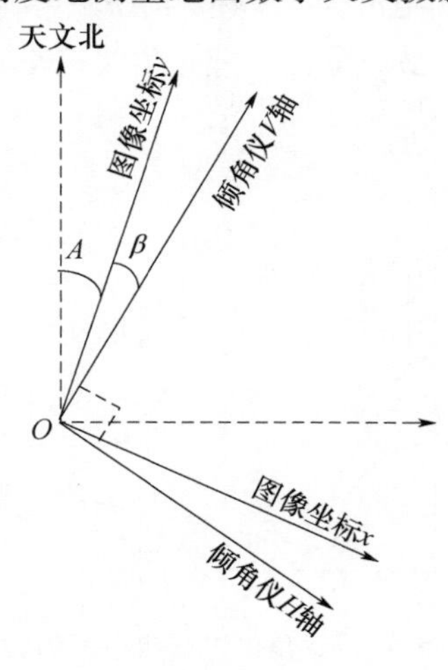

图 5. 16　倾角补偿原理图

对旋转轴天文坐标进行倾角补偿可得垂轴指向的天文坐标,倾角补偿值为

$$\begin{aligned}\Delta\alpha_r &= (n_1{}^* \sin(A+\beta) + n_2{}^* \cos(A+\beta))/\cos\delta_r \\ \Delta\delta_r &= n_1{}^* \cos(A+\beta) - n_2{}^* \sin(A+\beta)\end{aligned} \tag{5.39}$$

式中,$n_1{}^*$ 和 $n_2{}^*$ 为双轴倾角仪正交状态下的倾角;A 为 CCD 图像传感器安装位置与北向之间的夹角;β 为双轴倾角仪与 CCD 图像传感器之间的安装夹角;α_r 与 δ_r 表示旋转轴的天文经纬度。

安装在地面数字天文摄影仪上的倾角仪双轴之间的夹角不可能完全正交,由于变形等原因,倾角仪双轴的尺度系数也会发生变化,因此需要对双轴倾角仪的输出数据进行修正。这里引入了倾角仪参数,令倾角仪双轴之间的夹角为 ε,倾角仪的双轴分别用 V 轴与 H 轴表示,V 轴与 H 轴的尺度系数分别为 m_1 与 m_2。在考虑倾角仪参数的基础上对倾角值进行修正,并对倾角仪的参数进行研究。

5.3.1 倾角值的修正模型

V 轴与 H 轴位于初始位置时的读数分别为 n_1 与 n_2,与北向之间的夹角为 A。将倾角仪读数转化到正交状态下的数值为 $n_1{}^{\mathrm{I}}$ 与 $n_2{}^{\mathrm{I}}$,此时包含零点偏差 Δn_1 和 Δn_2,如图 5.17 所示。在拍摄星图的过程中拍摄时间较短,所以漂移带来的误差可以忽略不计。另外,晃动及噪声等随机误差也会带来倾角仪数值的微小变化,在这里暂不考虑。可得

$$\begin{aligned}n_1{}^{\mathrm{I}} &= n_1 \\ n_2{}^{\mathrm{I}} &= \frac{n_2}{\sin\varepsilon} - \frac{n_1}{\tan\varepsilon}\end{aligned} \tag{5.40}$$

也可表示为 $n_1{}^{\mathrm{I}} = n_1{}^* + \Delta n_1, n_2{}^{\mathrm{I}} = n_2{}^* + \Delta n_2$。其中 $n_1{}^*$ 与 $n_2{}^*$ 是倾角仪正交状态下不含误差的准确值,Δn_1 与 Δn_2 是倾角仪正交状态下的零偏值。

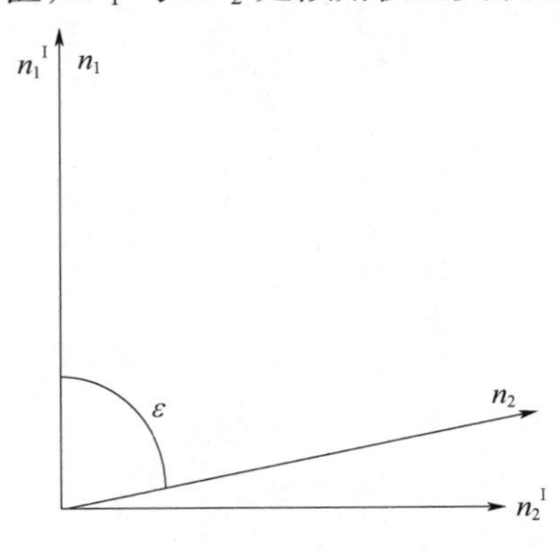

图 5.17　倾角仪正交状态下的数值

如图5.18所示，在旋转ϕ角度后，双轴倾角仪V轴与H轴的读数分别为$n_1{}'$与$n_2{}'$，将倾角仪读数转化为正交读数$n_1{}^{\Pi}$与$n_2{}^{\Pi}$，可得

$$
\begin{aligned}
n_1{}^{\Pi} &= n_1{}' \\
n_2{}^{\Pi} &= \frac{n_2{}'}{\sin\varepsilon} - \frac{n_1{}'}{\tan\varepsilon}
\end{aligned}
\tag{5.41}
$$

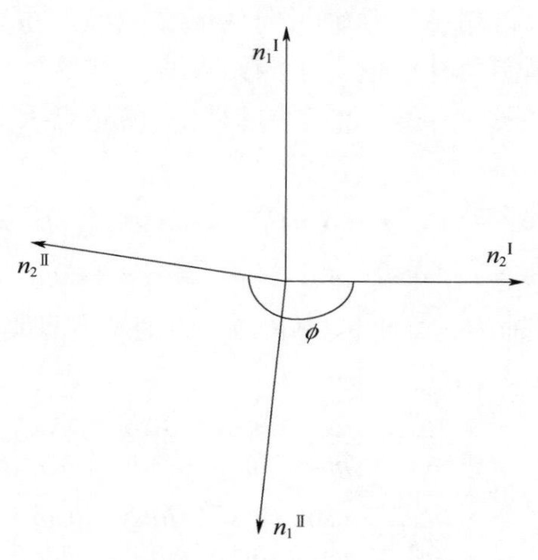

图5.18　倾角仪旋转前后的状态

又因为

$$
\begin{bmatrix} n_1{}^{\Pi} \\ n_2{}^{\Pi} \end{bmatrix} = \begin{bmatrix} \cos\phi & \sin\phi \\ -\sin\phi & \cos\phi \end{bmatrix} \begin{bmatrix} n_1{}^{*} \\ n_2{}^{*} \end{bmatrix} + \begin{bmatrix} \Delta n_1 \\ \Delta n_2 \end{bmatrix}
\tag{5.42}
$$

联立式(5.40)、式(5.41)及式(5.42)可得

$$
\begin{bmatrix} n_1 \\ n_2 \\ n_1{}' \\ n_2{}' \end{bmatrix} = \begin{bmatrix} 1 & 0 & 1 & 0 \\ \cos\varepsilon & \sin\varepsilon & 0 & 1 \\ \cos\phi & \sin\phi & 1 & 0 \\ \cos(\phi+\varepsilon) & \sin(\phi+\varepsilon) & 0 & 1 \end{bmatrix} \begin{bmatrix} n_1{}^{*} \\ n_2{}^{*} \\ \Delta n_1 \\ \Delta n_2 \end{bmatrix}
\tag{5.43}
$$

考虑双轴倾角仪的尺度系数m_1与m_2、旋转角度ϕ和倾角仪双轴夹角ε后，最终可求得修正后的倾角值$n_1{}^{*}$和$n_2{}^{*}$为

$$
\begin{aligned}
n_1{}^{*} &= m_1 n_v - \frac{\sin\phi}{1-\cos\phi}\left(\frac{m_2 n_h}{\sin\varepsilon} - \frac{m_1 n_v}{\tan\varepsilon}\right) \\
n_2{}^{*} &= \frac{m_2 n_h}{\sin\varepsilon} - \frac{m_1 n_v}{\tan\varepsilon} + \frac{\sin\phi}{1-\cos\phi} m_1 n_v
\end{aligned}
\tag{5.44}
$$

式中，$n_v = \dfrac{n_1 - n_1{}'}{2}$，$n_h = \dfrac{n_2 - n_2{}'}{2}$。

5.3.2 修正模型中参数的标定

倾角仪参数标定的精度直接影响着倾角的修正值,从而对测站点的定位精度造成影响,所以必须对倾角仪的参数进行高精度的标定。在运用地面数字天文摄影仪定位时,通过对星图的解算得出地面数字天文摄影仪旋转轴的天文坐标,经过倾角补偿后求得测站点垂轴指向的天文坐标。在对倾角仪参数进行标定时,依据的原理就是倾角补偿值等于测站点真值与地面数字天文摄影仪旋转轴天文坐标之间的差值。在参数标定的过程中,测站点天文坐标的真实值是已知的,则有

$$\begin{aligned}\Delta\alpha &= \alpha_{\mathrm{T}} - \alpha_{\mathrm{R}} = (n_1{}^{*}\sin(A+\beta) + n_2{}^{*}\cos(A+\beta))/\cos(\delta_{\mathrm{R}})\\ \Delta\delta &= \delta_{\mathrm{T}} - \delta_{\mathrm{R}} = n_1{}^{*}\cos(A+\beta) - n_2{}^{*}\sin(A+\beta)\end{aligned} \tag{5.45}$$

式中,$(\alpha_{\mathrm{R}},\delta_{\mathrm{R}})$为旋转轴的天文坐标,$(\alpha_{\mathrm{T}},\delta_{\mathrm{T}})$为测站点真实的天文坐标。

令

$$\boldsymbol{B} = \begin{bmatrix} \dfrac{\partial\Delta\alpha}{\partial\beta} & \dfrac{\partial\Delta\alpha}{\partial m_1} & \dfrac{\partial\Delta\alpha}{\partial m_2} & \dfrac{\partial\Delta\alpha}{\partial\varepsilon} & \dfrac{\partial\Delta\alpha}{\partial\phi} \\ \dfrac{\partial\Delta\delta}{\partial\beta} & \dfrac{\partial\Delta\delta}{\partial m_1} & \dfrac{\partial\Delta\delta}{\partial m_2} & \dfrac{\partial\Delta\delta}{\partial\varepsilon} & \dfrac{\partial\Delta\delta}{\partial\phi} \end{bmatrix} \tag{5.46}$$

$$\Delta\boldsymbol{x} = \begin{bmatrix} \Delta\beta \\ \Delta m_1 \\ \Delta m_2 \\ \Delta\varepsilon \\ \Delta\phi \end{bmatrix} \tag{5.47}$$

首先对倾角仪安装角度和倾角仪参数分别赋初值β_0、m_{10}、m_{20}、ε_0,能够得到倾角补偿值$\Delta\alpha_0$和$\Delta\delta_0$。令

$$\boldsymbol{b} = \begin{bmatrix} \alpha_{\mathrm{T}} - \alpha_{\mathrm{F}} - \Delta\alpha_0 \\ \delta_{\mathrm{T}} - \delta_{\mathrm{F}} - \Delta\delta_0 \end{bmatrix} \tag{5.48}$$

构建函数:

$$\boldsymbol{B}\Delta\boldsymbol{x} = \boldsymbol{b} \tag{5.49}$$

运用最小二乘算法可分别解算出$\Delta\beta$、Δm_1、Δm_2、$\Delta\varepsilon$。则倾角仪参数值变为

$$\begin{aligned}\beta &= \beta_0 + \Delta\beta\\ m_1 &= m_{10} + \Delta m_1\\ m_2 &= m_{20} + \Delta m_2\\ \varepsilon &= \varepsilon_0 + \Delta\varepsilon\end{aligned} \tag{5.50}$$

将新的参数值代入式(5.45)中重复进行计算,直至得到稳定的双轴倾角仪参数值为止。

5.3.3　影响参数标定的因素分析

在进行倾角仪参数标定时,需要已知测站点的天文坐标,并且要使地面数字天文摄影仪发生一定的倾斜,在倾斜的状态下旋转拍摄星图。因此,研究地面数字天文摄影仪的倾斜角度、已知测站点的位置精度和旋转角度,对于倾角仪参数的标定十分必要。

1. 倾角对参数标定的影响

地面数字天文摄影仪的倾角通过双轴倾角仪进行测量。倾角仪的数值含有零点偏差,并且倾角仪的数值会受到漂移的影响。零点偏差可以通过对称位置读数进行消除,在一定的时间范围内漂移的数值也可以忽略。另外,倾角仪输出数据也会受到噪声和晃动等随机误差的影响。当地面数字天文摄影仪倾斜角较小时,随机误差相对于倾角仪数据可能会较大,因此会对倾角仪数据造成一定的影响,导致倾角仪输出的数据失真,所以必须在大倾角状态下进行倾角仪参数的标定,根据实际的试验经验可知,倾角值一般在 100″时即可高精度地进行倾角仪参数的标定。

2. 测站点真实值对参数标定的影响

在对倾角仪参数进行标定时,需要已知测站点真实的天文坐标。测站点的天文坐标作为已知量要参与到倾角仪参数的标定中。当测站点的天文坐标含有误差时,会导致最终解算的倾角仪参数发生变化,从而影响到最终的定位精度。

3. 旋转角度对参数标定的影响

在进行倾角仪参数标定的过程中,需要旋转拍摄星图,理想状态下旋转角度 $\phi = 180°$。在倾角仪参数标定时,往往直接将旋转角度取为 180°,但在实际的旋转过程中,并不能使旋转角度严格处于 180°的位置,而旋转角度会影响到参数标定的结果。经计算有

$$
\begin{aligned}
&\frac{\partial \Delta\alpha}{\partial \phi} = \left(\left(\frac{m_2 n_h}{\sin\varepsilon} - \frac{m_1 n_v}{\tan\varepsilon}\right)\left(\frac{1}{1-\cos\phi}\right)\sin(A+\beta) - m_1 n_v\left(\frac{1}{1-\cos\phi}\right)\cos(A+\beta)\right)/\cos\delta \\
&\frac{\partial \Delta\alpha}{\partial \beta} = \left(n_1{}^{*}\cos(A+\beta) - n_2{}^{*}\sin(A+\beta)\right)/\cos\delta \\
&\frac{\partial \Delta\delta}{\partial \phi} = \left(\frac{m_2 n_h}{\sin\varepsilon} - \frac{m_1 n_v}{\tan\varepsilon}\right)\left(\frac{1}{1-\cos\phi}\right)\cos(A+\beta) + m_1 n_v\left(\frac{1}{1-\cos\phi}\right)\sin(A+\beta) \\
&\frac{\partial \Delta\delta}{\partial \beta} = -n_1{}^{*}\sin(A+\beta) - n_2{}^{*}\cos(A+\beta)
\end{aligned}
\tag{5.51}
$$

对式(5.51)进行简化处理后有

$$\frac{\partial\Delta\alpha}{\partial\phi} = -(\frac{1}{1-\cos\phi})\frac{\partial\Delta\alpha}{\partial\beta} \approx -\frac{1}{2}\frac{\partial\Delta\alpha}{\partial\beta}$$
$$\frac{\partial\Delta\delta}{\partial\phi} = -(\frac{1}{1-\cos\phi})\frac{\partial\Delta\delta}{\partial\beta} \approx -\frac{1}{2}\frac{\partial\Delta\delta}{\partial\beta} \tag{5.52}$$

式(5.52)表明,旋转角度 ϕ 的增量和安装角度 β 的增量之间具有相关性,即旋转角度 ϕ 会直接影响安装角度 β 的标定值。另外,旋转角度 ϕ 的改变也会使式(5.49)中的矩阵 B 发生变化,从而会对倾角仪双轴尺度系数及双轴之间夹角的标定结果造成一定的影响。在倾角的计算公式中,主要有7个参数,每个参数都可看作随机变量,假设:

$$\begin{aligned} \alpha &= \alpha_0 + \sigma_\alpha \\ \beta &= \beta_0 + \sigma_\beta \\ m_1 &= m_{10} + \sigma_{m_1} \\ m_2 &= m_{20} + \sigma_{m_2} \\ \varepsilon &= \varepsilon_0 + \sigma_\varepsilon \\ n_1 &= n_{10} + \sigma_{n_1} \\ n_2 &= n_{20} + \sigma_{n_2} \end{aligned} \tag{5.53}$$

式中,$m_{10} = m_{20} = 1$;ε_0 与倾角仪制造有关,一般在 $89° \sim 90°$;β_0 与安装有关,安装完成后为固定值;n_{10},n_{20}与设备当前倾斜程度有关,每次观测均不同; α_0 与设备摆放有关,是变化量。

设

$$\begin{aligned} n_\Phi &= f_1(\alpha, \beta, m_1, m_2, \varepsilon, n_1, n_2) \\ n_\Lambda &= f_2(\alpha, \beta, m_1, m_2, \varepsilon, n_1, n_2) \end{aligned} \tag{5.54}$$

则由式(5.54)中 n_Φ 及函数随机误差的计算方法可得

$$\begin{aligned} \sigma_{n_\Phi}^2 &= \left(\frac{\partial f_1}{\partial\alpha}\right)^2\sigma_\alpha^2 + \left(\frac{\partial f_1}{\partial\beta}\right)^2\sigma_\beta^2 + \left(\frac{\partial f_1}{\partial m_1}\right)^2\sigma_{m_1}^2 + \left(\frac{\partial f_1}{\partial m_2}\right)^2\sigma_{m_2}^2 \\ &\quad + \left(\frac{\partial f_1}{\partial\varepsilon}\right)^2\sigma_\theta^2 + \left(\frac{\partial f_1}{\partial n_1}\right)^2\sigma_{n_1}^2 + \left(\frac{\partial f_1}{\partial n_2}\right)^2\sigma_{n_2}^2 \\ &= a_1^2\sigma_\alpha^2 + a_2^2\sigma_\beta^2 + a_3^2\sigma_{m_1}^2 + a_4^2\sigma_{m_2}^2 + a_5^2\sigma_\varepsilon^2 + a_6^2\sigma_{n_1}^2 + a_7^2\sigma_{n_2}^2 \end{aligned} \tag{5.55}$$

式中,

$$a_1 = -n_{10}m_{10}\sin(\alpha_0+\beta_0) - m_{20}\cos(\alpha_0+\beta_0)(\frac{n_{20}}{\sin\theta_0} - \frac{n_{10}}{\tan\theta_0})$$

$$a_2 = -n_{10}m_{10}\sin(\alpha_0+\beta_0) - m_{20}\cos(\alpha_0+\beta_0)(\frac{n_{20}}{\sin\theta_0} - \frac{n_{10}}{\tan\theta_0})$$

$$a_3 = n_{10}\cos(\alpha_0+\beta_0)$$

$$a_4=\sin(\alpha_0+\beta_0)\left(\frac{n_{20}}{\sin\theta_0}-\frac{n_{10}}{\tan\theta_0}\right)$$

$$a_5=-m_{20}\sin(\alpha_0+\beta_0)\left(\frac{n_{20}\cos\theta_0}{\sin^2\theta_0}-\frac{n_{10}}{\sin^2\theta_0}\right)$$

$$a_6=m_{10}\cos(\alpha_0+\beta_0)+m_{20}\frac{\sin(\alpha_0+\beta_0)}{\tan\theta_0}$$

$$a_7=-m_{20}\frac{\sin(\alpha_0+\beta_0)}{\sin\theta_0}\tag{5.56}$$

则由式(5.54)中 n_A 及函数随机误差的计算方法可得：

$$\begin{aligned}\sigma_{n_A}^2&=\left(\frac{\partial f_2}{\partial\alpha}\right)^2\sigma_\alpha^2+\left(\frac{\partial f_2}{\partial\beta}\right)^2\sigma_\beta^2+\left(\frac{\partial f_2}{\partial m_1}\right)^2\sigma_{m_1}^2+\left(\frac{\partial f_2}{\partial m_2}\right)^2\sigma_{m_2}^2\\&\quad+\left(\frac{\partial f_2}{\partial\theta}\right)^2\sigma_\theta^2+\left(\frac{\partial f_2}{\partial n_1}\right)^2\sigma_{n_1}^2+\left(\frac{\partial f_2}{\partial n_2}\right)^2\sigma_{n_2}^2\\&=b_1^2\sigma_\alpha^2+b_2^2\sigma_\beta^2+b_3^2\sigma_{m_1}^2+b_4^2\sigma_{m_2}^2+b_5^2\sigma_\theta^2+b_6^2\sigma_{n_1}^2+b_7^2\sigma_{n_2}^2\end{aligned}\tag{5.57}$$

式中，

$$b_1=n_{10}m_{10}\cos(\alpha_0+\beta_0)-m_{20}\sin(\alpha_0+\beta_0)\left(\frac{n_{20}}{\sin\theta_0}-\frac{n_{10}}{\tan\theta_0}\right)$$

$$b_2=n_{10}m_{10}\cos(\alpha_0+\beta_0)-m_{20}\sin(\alpha_0+\beta_0)\left(\frac{n_{20}}{\sin\theta_0}-\frac{n_{10}}{\tan\theta_0}\right)$$

$$b_3=n_{10}\sin(\alpha_0+\beta_0)$$

$$b_4=\cos(\alpha_0+\beta_0)\left(\frac{n_{20}}{\sin\theta_0}-\frac{n_{10}}{\tan\theta_0}\right)\tag{5.58}$$

$$b_5=m_{20}\cos(\alpha_0+\beta_0)\left(\frac{n_{20}\cos\theta_0}{\sin^2\theta_0}-\frac{n_{10}}{\sin^2\theta_0}\right)$$

$$b_6=m_{10}\sin(\alpha_0+\beta_0)-m_{20}\frac{\cos(\alpha_0+\beta_0)}{\tan\theta_0}$$

$$b_7=m_{20}\frac{\cos(\alpha_0+\beta_0)}{\sin\theta_0}$$

式(5.57)中，角度的方差单位均为 rad。

5.3.4　参数标定误差对定位结果的影响

在进行定位时，首先要对双轴倾角仪的参数进行标定，但是标定出来的倾角仪参数可能存在一定的误差，导致倾角的修正值产生 Δn_1^* 和 Δn_2^* 的变化量，从而带来倾角仪补偿值的变化。因为旋转角度 ϕ 接近 180°，双轴倾角仪安装角 ε 接近 90°，则有

$$\frac{\sin\phi}{1-\cos\phi}=\frac{\sin(\Delta\phi+\pi)}{1-\cos(\Delta\phi+\pi)}=-\frac{\Delta\phi}{2}$$
$$\frac{m_2 n_h}{\sin\varepsilon}-\frac{m_1 n_v}{\tan\varepsilon}=\frac{m_2 n_h}{\sin(\Delta\varepsilon+\pi/2)}-\frac{m_1 n_v}{\tan(\Delta\varepsilon+\pi/2)}=m_2 n_h+m_1 n_v\Delta\varepsilon \tag{5.59}$$

可得倾角仪修正后的数据为

$$n_1^* = m_1 n_v+\frac{\Delta\phi}{2}(m_2 n_h+m_1 n_v\Delta\varepsilon)$$
$$n_2^* = m_2 n_h+(\Delta\varepsilon-\frac{\Delta\phi}{2})m_1 n_v \tag{5.60}$$

由于倾角仪参数标定误差导致的倾角修正值的变化量为

$$\Delta n_1^* = \Delta m_1 n_v+\frac{\Delta\phi}{2}\Delta m_2 n_h$$
$$\Delta n_2^* = \Delta m_2 n_h+(\Delta\varepsilon-\frac{\Delta\phi}{2})\Delta m_1 n_v \tag{5.61}$$

式中,Δm_1 与 Δm_2 分别表示标定的 V 轴与 H 轴尺度系数的误差,$\Delta\varepsilon$ 表示标定的双轴倾角仪 V 轴与 H 轴之间夹角的变化值。

由式(5.61)可得出倾角的补偿值,为了减小倾角补偿对于定位精度的影响,必须保证倾角补偿值的变化量小于 0.01″,则有

$$|(\Delta n_1^*\sin(A+\beta)+\Delta n_2^*\cos(A+\beta))/\cos(\delta)|\leqslant 0.01''$$
$$|\Delta n_1^*\cos(A+\beta)-\Delta n_2^*\sin(A+\beta)|\leqslant 0.01'' \tag{5.62}$$

化简后可知必须保证:

$$\sqrt{(\Delta n_1^*)^2+(\Delta n_2^*)^2}\leqslant 0.01'' \tag{5.63}$$

在运用地面数字天文摄影仪进行定位时,先用长水准器进行调平,保证气泡处于水准器中央,不超过水准器的 1/2 格(10″),然后运用倾角仪再次进行调平,之后进行恒星星图的拍摄。也就是说,n_v 和 n_h 的值均小于 10″。将式(5.61)及式(5.63)联立可得

$$\sqrt{(10\Delta m_1)^2+(10\Delta m_2+10\Delta \mathrm{m}_1\Delta\varepsilon)^2}\leqslant 0.01'' \tag{5.64}$$

可得出图 5.19 所示的曲线图。

因为 Δm_1、Δm_2、$\Delta\varepsilon$ 均是小数值,那么 $\Delta m_1\Delta\varepsilon$ 相对而言可以忽略,也就是 $\Delta\varepsilon$ 的变化值对于倾角补偿的影响可以忽略,这与图 5.19 显示的相一致。即应满足:

$$\Delta {m_1}^2+\Delta m_2^2\leqslant 10^{-6} \tag{5.65}$$

表明倾角补偿值主要受倾角仪双轴尺度系数的标定误差 Δm_1 与 Δm_2 的影响,如图 5.20 所示。为了减小标定参数对于倾角补偿的影响,必须保证双轴倾角仪的尺度系数 m_1 与 m_2 的准确度。

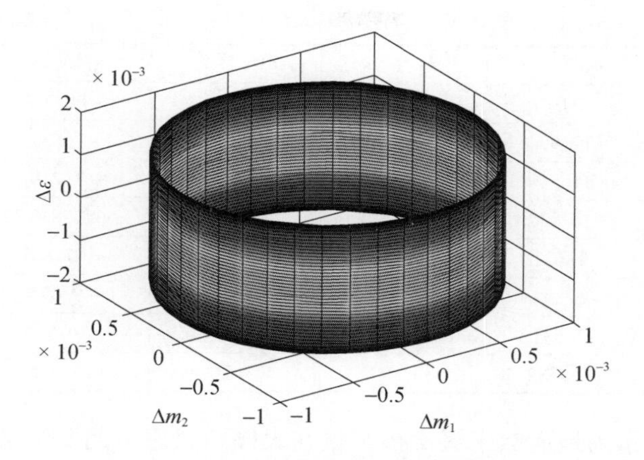

图5.19　标定参数值的变化示意图

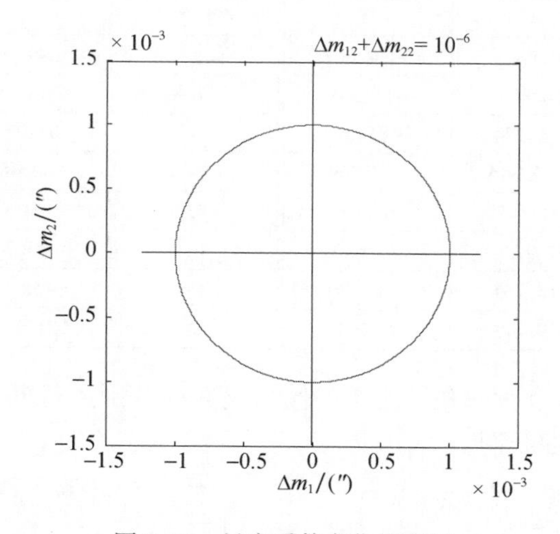

图5.20　尺度系数变化的范围

5.3.5　试验数据分析

1. 倾角仪参数标定

在进行定位解算前要对双轴倾角仪的参数进行标定。在对倾角仪参数进行标定时，选取的测站点真实的天文经度为108°55′17.78″，天文纬度为34°32′21.48″。为了得出倾角状态对参数标定的影响，在进行试验时要调整地面数字天文摄影仪的倾斜状态。下面通过试验数据分析倾角状态对参数标定的影响。表5.8所示为地面数字天文摄影仪在小倾角状态下的一组试验数据。

表 5.8　小倾角状态下的读数值

星图序号	$n_1/('')$	$n_2/('')$	星图序号	$n_1'/('')$	$n_2'/('')$
1	-7.013	31.971	5	-11.757	39.396
2	-12.994	32.796	6	-7.631	38.984
3	-11.550	37.746	7	-7.219	34.446
4	-10.932	37.127	8	-7.838	35.890
9	-7.631	36.096	13	-10.106	37.127
10	-6.394	36.921	14	-9.075	38.777
11	-7.631	41.046	15	-10.725	35.890
12	-12.582	39.809	16	-5.775	36.096

表 5.9 所示为地面数字天文摄影仪在大倾角状态下的一组试验数据。

表 5.9　大倾角状态下的读数值

星图序号	$n_1/('')$	$n_2/('')$	星图序号	$n_1/('')$	$n_2/('')$
1	73.636	-74.667	5	-99.007	74.049
2	-6.806	-111.382	6	-18.151	113.858
3	-84.774	-81.062	7	64.973	81.474
4	-122.315	-8.869	8	100.450	5.362
9	100.244	5.362	13	-121.902	-9.075
10	64.973	81.680	14	-83.743	-80.855
11	-18.151	114.270	15	-5.362	-110.145
12	-99.213	74.049	16	74.874	-72.811

通过对小倾角和大倾角状态下的倾角仪数据分别进行处理,可得如图 5.21 和图 5.22 所示的曲线图。

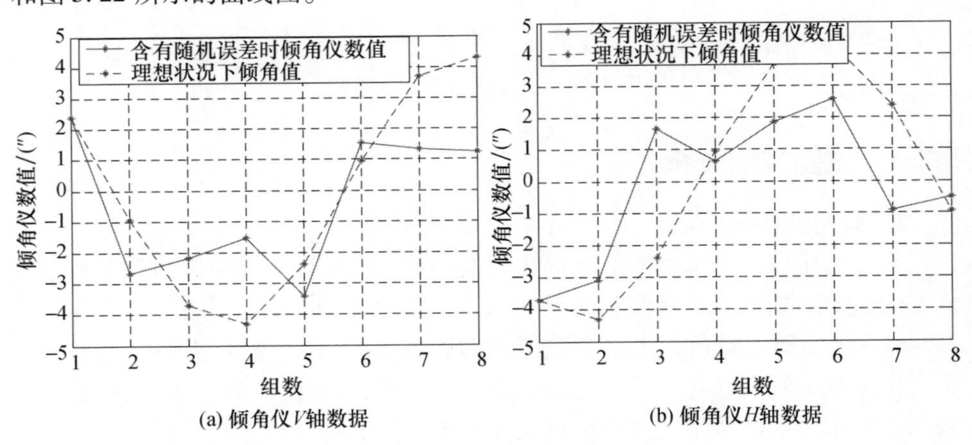

图 5.21　小倾角状态下的数据

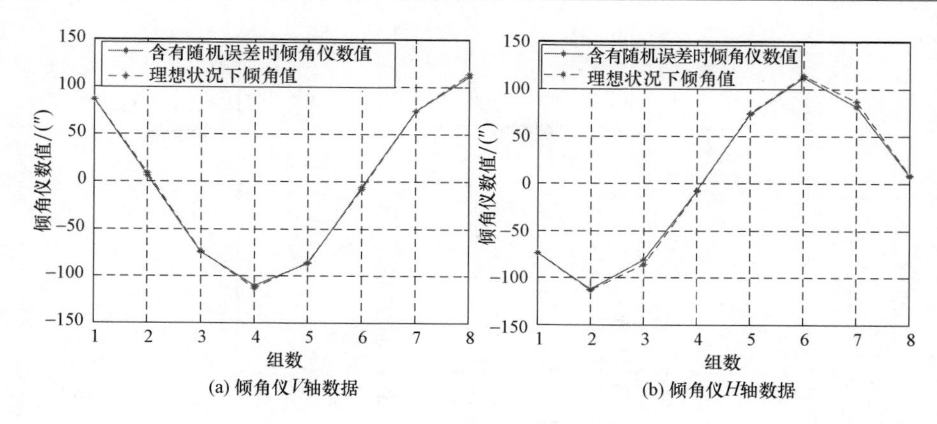

(a) 倾角仪V轴数据　　(b) 倾角仪H轴数据

图 5.22　大倾角状态下的数据

从试验数据的处理结果可以明显看出,在小倾角状态下,产生的随机误差可能相对于倾角仪数据较大,会导致倾角仪的数据失真,因此在小倾角状态下进行倾角仪参数的标定是不合适的。在大倾角状态下,随机误差相对于倾角仪数值较小,处理后的倾角仪数据与理想状态下倾角仪的数据几乎一致,表明在大倾角状态下进行倾角仪参数的标定是可行的。通过大量的试验可知,当倾角仪的数值在 100″左右时倾角仪的标定参数精度较高。

为了研究已知测站点坐标真值的精度对于倾角仪参数的影响,在大倾角状态下对倾角仪参数进行标定,并不断改变已知测站点天文坐标的误差值,可以得出表 5.10 所示的标定参数值。

表 5.10　倾角仪参数的值

已知测站点位置误差值/(″)	参数 m_1 的数值	参数 m_2 的数值
−0.25	−1.047191	−1.031501
−0.2	−1.047395	−1.0317264
−0.1	−1.047804	−1.032175
0	−1.048214	−1.032626
0.1	−1.048625	−1.033078
0.2	−1.049038	−1.033532
0.25	−1.049246	−1.033761

分别绘制参数 m_1 和 m_2 随测站点位置变化的曲线,可得图 5.23 所示的变化趋势。从图 5.23 中可以看出,倾角仪双轴的尺度系数随着测站点位置误差基本呈直线变化。结合式(5.65)可得:当已知测站点的经纬度误差值分别在 0.23″以内时,能够保证倾角仪参数的标定误差对于最终的定位结果影响较小。

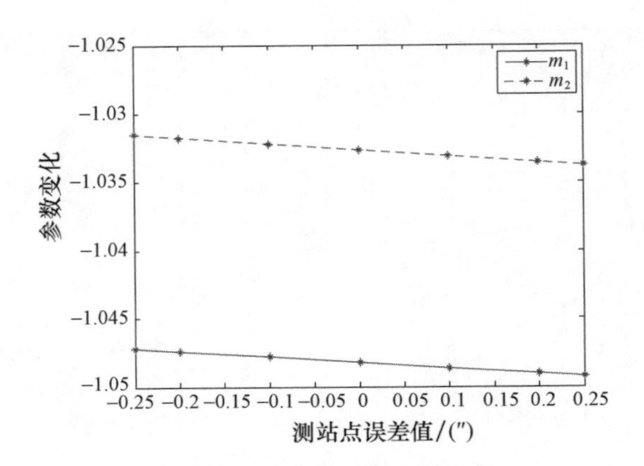

图 5.23　m_1 和 m_2 的变化示意图

为了分析旋转角度对于倾角仪参数标定的影响，在其他条件不变的情况下不断改变旋转角度 ϕ，标定的结果如图 5.24 所示。

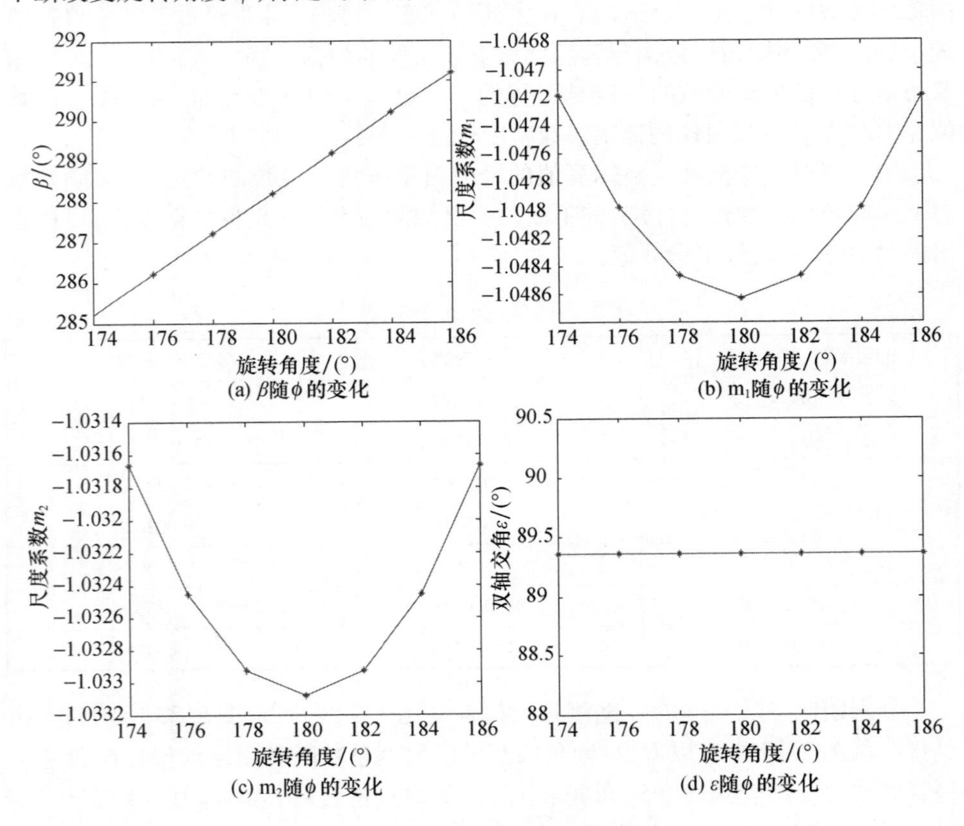

图 5.24　旋转角度对标定参数的影响

通过图5.24可知,改变旋转角度 ϕ 时标定的参数值也在发生着变化,旋转角度的变化将直接影响安装角度 β 的标定,旋转角度每变化1°,标定出来的安装角度 β 变化0.5°,两者之间的增量基本呈线性相关,与理论推导相一致;尺度系数在旋转角度180°左右基本呈对称关系;倾角仪双轴之间的夹角基本不受旋转角度变化的影响。结合式(5.65)分析可知,当旋转角度在180°±2°以内时,倾角仪参数的变化对于定位结果的影响较小。

综合上述分析可得:为提高倾角仪参数的标定精度,应在倾角仪处于大倾角的状态下进行标定,并且要保证已知测站点的经纬度误差值分别处于0.23″以内。另外,为减小旋转角度对于参数标定的影响,应使旋转角度误差在2°以内。

2. 参数对倾角的影响分析

本节主要分析各标校参数对倾角精度的影响。图5.25~图5.28中的4幅图展示了在不同方位下倾角值 n_{10} 和 n_{20} 变化对 n_{Φ} 精度的影响。

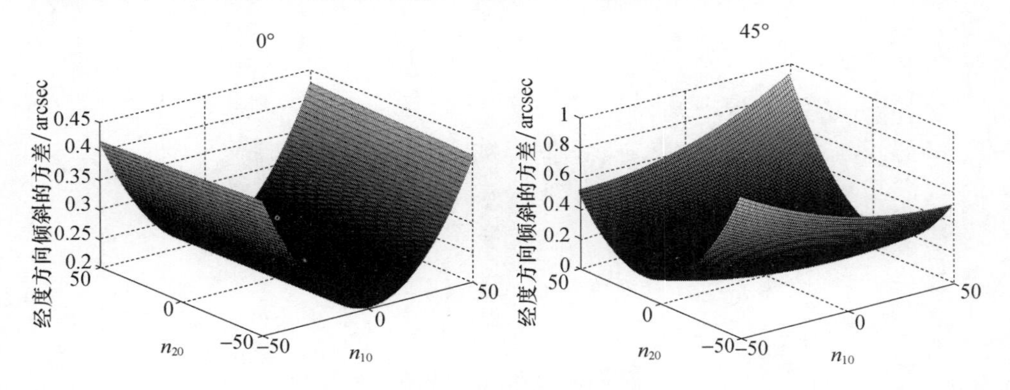

图5.25　0°和45°方位

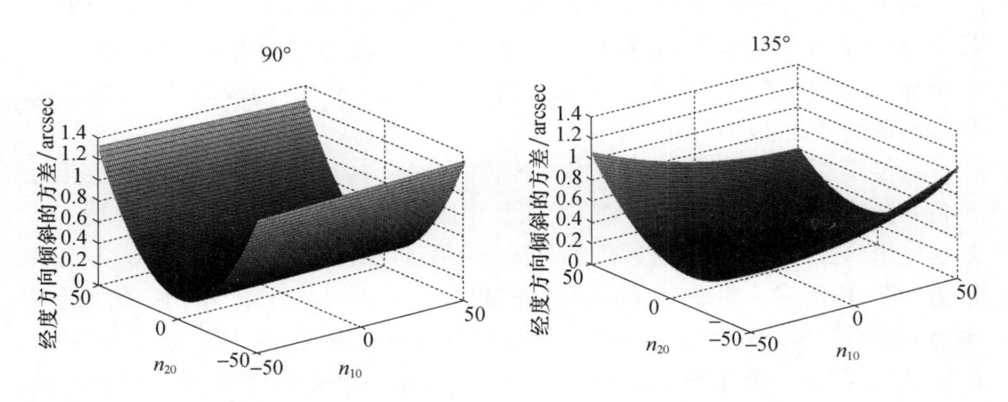

图5.26　90°和135°方位

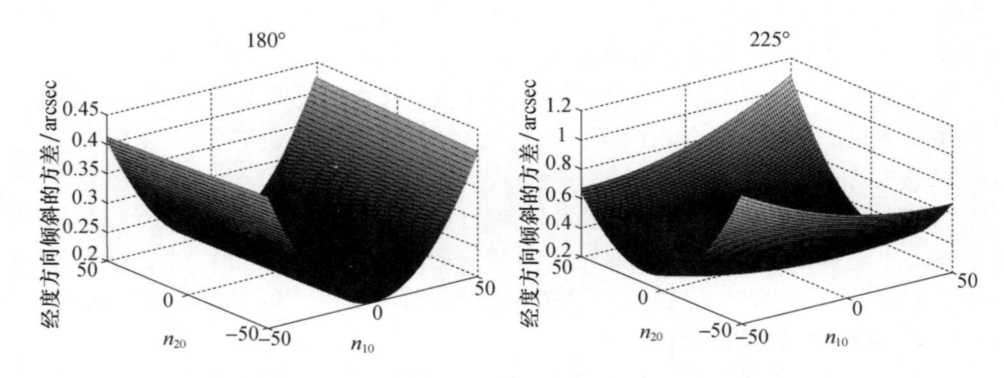

图 5.27　180°和 225°方位

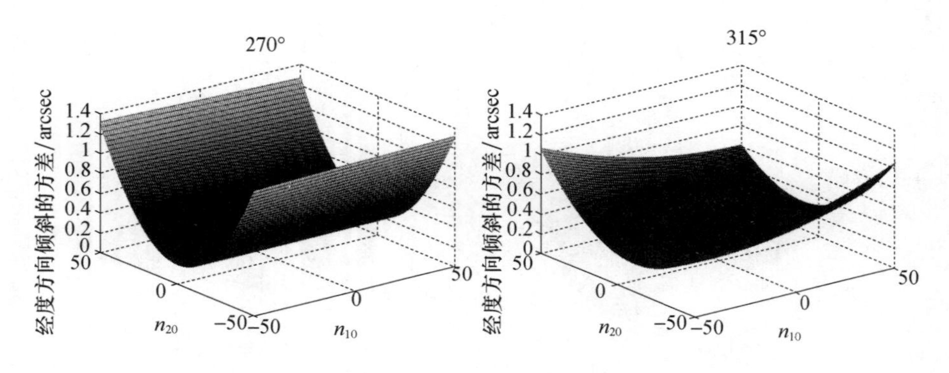

图 5.28　270°和 315°方位

从图 5.25 ~ 图 5.28 中可知，n_{10}和 n_{20}的变化会影响参数对 n_{Φ} 精度的影响程度，虽然在不同方位下，其影响程度并不相同，但在每幅图中随着倾角绝对值的增加，n_{Φ} 的误差也在增加，且增长呈指数型变化。因此，为提高 n_{Φ} 的精度应尽量精调平设备，以降低 n_{10}和 n_{20}。

标校设备的各项参数并不能在短期内一次性完成，因为设备参数可能会随设备的搬动等因素产生一定的变化，而且单次标校的参数值也会存在误差。但是在使用参数修正倾角值时采用的是固定的某组标校结果，此时默认了各项参数为常数，则所解算的倾角值 n_{Φ} 的精度如图 5.29 所示。图 5.29 中两条曲线分别为 n_{10}和 n_{20}的分量，粗线为总方差。由图可知当采用同一标校参数时，实际影响 n_{Φ} 精度的是倾角仪自身的精度。还有 m_{10}、m_{20}也略有影响，使总方差值稍稍偏离了 0.2″的倾角仪测量精度。但是，由于假定了参数是常数，因此 n_{Φ} 是存在一定误差的。从某种程度上说，其单次测量精度也是不准确的。为降低标校参数的影响,不能只使用单次的标校参数,应长期标校并使用标校结果的均值来尽量得到接近真值的标校参数,从而降低其误差影响。

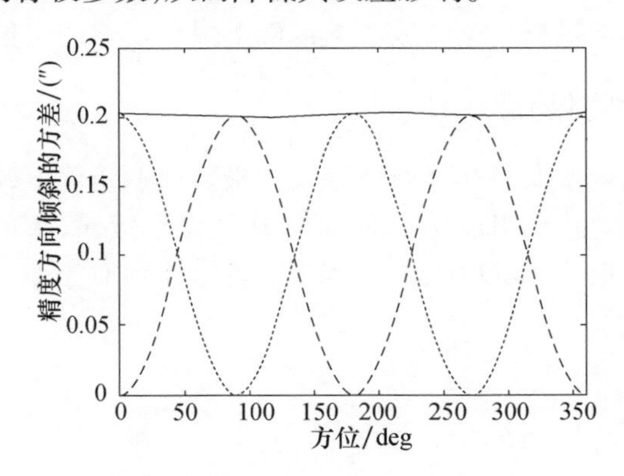

图5.29　同一参数计算 n_{Φ} 时的精度

倾角值 n_{10} 和 n_{20} 变化对 n_{Λ} 精度的影响,如图5.30所示。

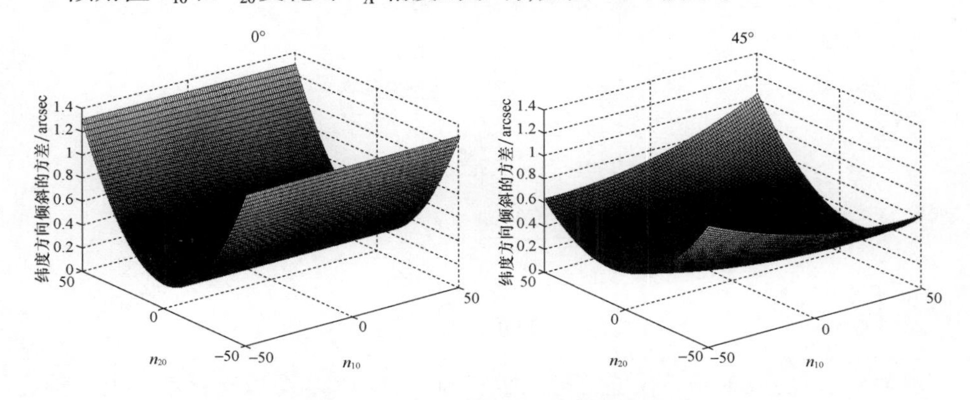

图5.30　n_{10} 和 n_{20} 变化对 n_{Λ} 精度的影响

由图5.30可知,n_{Λ} 精度的变化规律与 n_{Φ} 精度的变化规律也是类似的。因此,前述分析对此 n_{Λ} 也同样适用。

5.4　基于球面三角形的定位算法

地面数字天文摄影仪进行定位定向时,需要对仪器进行精确调平。考虑对仪器进行精调平较为耗时,直接影响到仪器的工作效率,为了提高仪器对于环境的适应性和仪器的工作效率,对仪器在大倾角状态下的定位方法进行研究。将仪器调平至大倾角状态需要时间较少而且难度较低,但是这种情况拍摄的星图受大气折射的影响较大,因此精调平状态下的定位方法不再适用。需要构建大倾角状态下的定位模型,研究地面数字天文摄影仪在大倾角状态下的定位算法,在提高地面数字天文摄影仪工作效率的基础上保证仪器的定位精度。

5.4.1 图像坐标的修正

高精度双轴倾角仪安装在地面数字天文摄影仪的镜筒上,随转台一起转动,经标校后倾角仪两敏感轴组成的平面与 CCD 平面平行,故倾角仪两敏感轴能够在不同拍摄位置测量出 CCD 图像坐标系两坐标轴相对于水平面的倾斜角 θ_1、θ_2,如图 5.31 所示。

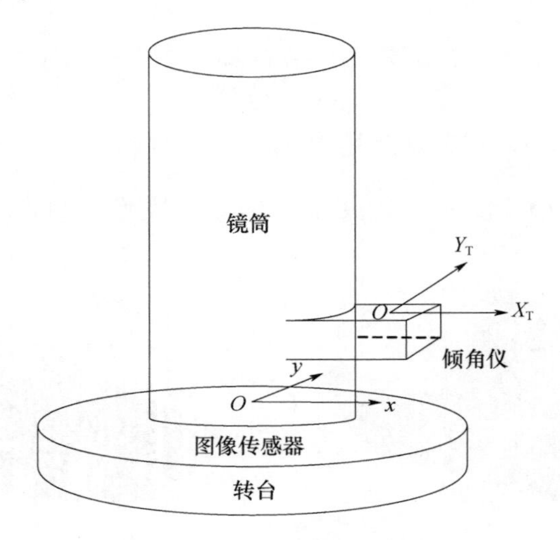

图 5.31 倾角仪安装示意图

经标校后的双轴倾角仪能够得到敏感轴 X_T 与 CCD 图像坐标系 x 坐标轴之间的夹角 ϕ(即定向角),倾角仪两敏感轴之间的剪切角 ε 以及两敏感轴的读数比例系数 k_1、k_2,则 CCD 图像坐标系两坐标轴的倾斜角 θ_1、θ_2 为

$$\begin{aligned}\theta_1 &= k_1 m\cos\phi + \sin\phi(k_2 n - k_1 m\cos\varepsilon)\csc\varepsilon \\ \theta_2 &= k_1 m\sin\phi - \cos\phi(k_2 n - k_1 m\cos\varepsilon)\csc\varepsilon\end{aligned} \tag{5.66}$$

式中,m、n 为倾角仪敏感轴 X_T、Y_T的倾角分量,计算公式为

$$\begin{aligned}m &= \frac{m_1 - m_2}{2} \\ n &= \frac{n_1 - n_2}{2}\end{aligned} \tag{5.67}$$

式中,m_1、m_2、n_1、n_2为对称位置下倾角仪敏感轴的输出值。

如图 5.32 所示,虚线框 N 为粗调平状态下的 CCD 平面,$o-xyz$ 为在粗调平状态下的 CCD 图像坐标系。实线框 M 为水平面，$o-x'y'z'$为水平状态下的 CCD 图像坐标系。CCD 图像坐标系的坐标原点在 CCD 敏感器中心，ox 轴与 ox'轴，oy 与 oy'轴分别与 CCD 敏感器的两条边平行，oz 轴垂直于粗调平状态下的 CCD 平面，oz'轴指向天顶方向。AB 为倾斜平面与水平面之间的交线，则 AB 垂直于 oz 轴与 oz'轴。T_x轴为 ox 轴在水平面上的投影，T_y轴为 oy 轴在水平面上的投影，T_x 轴与 T_y轴不一定垂直。由精密双轴倾角仪测出粗调平状态下 CCD 图像坐标系两坐标轴与水平面之间的夹角为 θ_1、θ_2，即 $\angle xoT_x=\theta_1$、$\angle yoT_y=\theta_2$。在粗调平状态下的 CCD 平面内，设 $\angle Aox=\theta_3$，$\angle Boy=\theta_4$，则 $\theta_4=\frac{\pi}{2}-\theta_3$，$\theta$ 为 CCD 平面在粗调平状态与水平状态时构成的二面角。

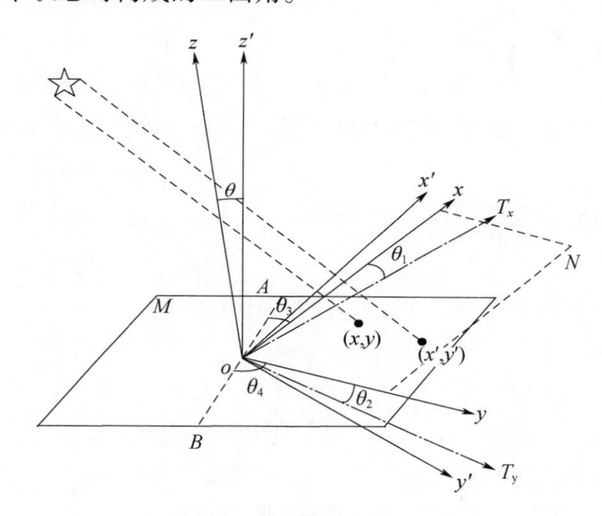

图 5.32　CCD 倾斜修正示意图

由二面角的相关定理可得

$$\theta=\arcsin\left(\sqrt{\sin^2\theta_1+\sin^2\theta_2}\right) \tag{5.68}$$

根据二面角的三正弦定理可得

$$\sin\theta=\frac{\sin\theta_1}{\sin\theta_3}=\frac{\sin\theta_2}{\sin\theta_4} \tag{5.69}$$

将式(5.68)代入式(5.69)，可得

$$\begin{aligned}\theta_3&=\arcsin\left(\frac{\sin\theta_1}{\sqrt{\sin^2\theta_1+\sin^2\theta_2}}\right)\\ \theta_4&=\arcsin\left(\frac{\sin\theta_2}{\sqrt{\sin^2\theta_1+\sin^2\theta_2}}\right)\end{aligned} \tag{5.70}$$

在粗调平状态坐标系 $o-xyz$ 中，存在单位矢量 $\boldsymbol{u}=(-\cos\theta_3,\cos\theta_4,0)$，使得水平状态下的 CCD 图像坐标系 $o-x'y'z'$绕单位矢量 $\boldsymbol{u}$ 旋转 θ 角可与 $o-xyz$ 坐标系重合。根据四元数相关定理，可知存在：

$$\boldsymbol{Q}=\cos\frac{\theta}{2}+\boldsymbol{u}\sin\frac{\theta}{2}=\cos\frac{\theta}{2}+(-\cos\theta_3\boldsymbol{i}+\cos\theta_4\boldsymbol{j})\sin\frac{\theta}{2} \tag{5.71}$$

令 $q_0=\cos\frac{\theta}{2}$，$q_1=-\cos\theta_3\sin\frac{\theta}{2}$，$q_2=\cos\theta_4\sin\frac{\theta}{2}$，可由四元数 $\boldsymbol{Q}$ 确定出由水平状态下的 CCD 图像坐标系 $o-x'y'z'$至粗调平状态下的 CCD 图像坐标系 $o-xyz$ 的坐标变换矩阵为

$$\boldsymbol{C}=\begin{bmatrix} 1-2{q_2}^2 & 2q_1q_2 & 2q_0q_2 \\ 2q_1q_2 & 1-2{q_1}^2 & -2q_0q_1 \\ -2q_0q_2 & 2q_0q_1 & 1-2({q_1}^2+{q_2}^2) \end{bmatrix} \tag{5.72}$$

则由粗调平状态下的 CCD 图像坐标系 $o-xyz$ 至水平状态下的 CCD 图像坐标系 $o-x'y'z'$的坐标变换矩阵为 $\boldsymbol{C}^{-1}$，令$\boldsymbol{C}^{-1}=\begin{bmatrix} c_{11} & c_{12} & c_{13} \\ c_{21} & c_{22} & c_{23} \\ c_{31} & c_{32} & c_{33} \end{bmatrix}$，在粗调平状态坐标系 $o-xyz$ 中存在方向矢量 $\boldsymbol{r}=(x,y,-f)$，满足：

$$\begin{bmatrix} c_{11} & c_{12} & c_{13} \\ c_{21} & c_{22} & c_{23} \\ c_{31} & c_{32} & c_{33} \end{bmatrix}\begin{bmatrix} x \\ y \\ -f \end{bmatrix}=\begin{bmatrix} xc_{11}+yc_{12}-fc_{13} \\ xc_{21}+yc_{22}-fc_{23} \\ xc_{31}+yc_{32}-fc_{33} \end{bmatrix} \tag{5.73}$$

由于可认为恒星位于无穷远处，发出的星光是平行光，则在水平状态 $o-x'y'z'$坐标系中存在方向矢量 $\boldsymbol{r}'=(x',y',-f)$，满足：

$$\frac{x'}{xc_{11}+yc_{12}-fc_{13}}=\frac{y'}{xc_{21}+yc_{22}-fc_{23}}=\frac{-f}{xc_{31}+yc_{32}-fc_{33}} \tag{5.74}$$

化简上式可得

$$\begin{aligned} x' &= \frac{-f(xc_{11}+yc_{12}-fc_{13})}{xc_{31}+yc_{32}-fc_{33}} \\ y' &= \frac{-f(xc_{21}+yc_{22}-fc_{23})}{xc_{31}+yc_{32}-fc_{33}} \end{aligned} \tag{5.75}$$

式(5.75)即为 CCD 倾斜修正模型。

5.4.2 定位解算方法

恒星星光通过地面数字天文摄影仪光轴的焦点成像在 CCD 平面上，在理想情况下地面数字天文摄影仪光轴指向即为测站点铅垂线方向，故只需求解

出光轴的天文经纬度即可实现天文定位。根据地面数字天文摄影仪成像原理并结合球面三角形公式,可得到恒星成像在 CCD 敏感器上。星点图像坐标表达式为

$$x = x_c - \frac{f}{\text{pix}} \frac{\sin(\alpha - \alpha_{\Phi_0})\cos\theta + [\cos\delta_{\Lambda_0}\tan\delta - \sin\delta_{\Lambda_0}\cos(\alpha - \alpha_{\Phi_0})]\sin\theta}{\sin\delta_{\Lambda_0}\tan\delta_{\Lambda} + \cos\delta_{\Lambda_0}\cos(\alpha_{\Phi} - \alpha_{\Phi_0})}$$

$$y = y_c - \frac{f}{\text{pix}} \frac{\sin(\alpha - \alpha_{\Phi_0})\sin\theta - [\cos\delta_{\Lambda_0}\tan\delta - \sin\delta_{\Lambda_0}\cos(\alpha - \alpha_{\Phi_0})]\cos\theta}{\sin\delta_{\Lambda_0}\tan\delta + \cos\delta_{\Lambda_0}\cos(\alpha - \alpha_{\Phi_0})}$$

(5.76)

式中,(x_c, y_c) 为光轴在 CCD 上的坐标,f 为焦距,(α, δ) 为恒星天文经纬度,$(\alpha_{\Phi_0}, \delta_{\Lambda_0})$ 为光轴的天文经纬度,pix 为单个像素的大小,θ 为 CCD 图像坐标系的方位角。

在式(5.76)中存在 α_{Φ_0}、δ_{Λ_0}、θ 三个未知数,但只有两个方程,对此可采用最小二乘法进行解算。分别对 α_{Φ_0}、δ_{Λ_0}、θ 进行求导可得雅可比矩阵:

$$B = \begin{bmatrix} \dfrac{\partial \Delta x}{\partial \theta} & \dfrac{\partial \Delta x}{\partial \alpha_{\Phi_0}} & \dfrac{\partial \Delta x}{\partial \delta_{\Lambda_0}} \\ \dfrac{\partial \Delta y}{\partial \theta} & \dfrac{\partial \Delta y}{\partial \alpha_{\Phi_0}} & \dfrac{\partial \Delta y}{\partial \delta_{\Lambda_0}} \end{bmatrix} \tag{5.77}$$

由于对式(5.76)进行了求导,故可不考虑 (x_c, y_c) 对参数解的影响,则存在:

$$B\Delta X = L \tag{5.78}$$

式中,$\Delta X = \begin{bmatrix} \Delta\theta \\ \Delta\alpha_{\Phi_0} \\ \Delta\delta_{\Lambda_0} \end{bmatrix}$,$L = \begin{bmatrix} x - x_i \\ y - y_i \end{bmatrix}$。$(x_i, y_i)$ 为前一次迭代计算出的参数代入式(5.76)计算得到的星点 CCD 图像坐标,(x, y) 为实验值。由最小二乘原理可得

$$\Delta \boldsymbol{X} = (\boldsymbol{B}^{\mathrm{T}}\boldsymbol{B})^{-1}\boldsymbol{B}^{\mathrm{T}}\boldsymbol{L} \tag{5.79}$$

具体迭代过程如下:

(1) 将初值 α_{Φ_0}、α_{Λ_0}、θ_0 代入式(5.76)计算 (x_i, y_i)。

(2) 将 (x_i, y_i) 代入式(5.78)计算 $\Delta \boldsymbol{X}$。

(3) 将 α_{Φ_0}、δ_{Λ_0}、θ 更新,即

$$\begin{aligned} \theta &= \theta_0 + \Delta\theta \\ \alpha_{\Phi_0} &= \alpha_{\Phi_0} + \Delta\alpha_{\Phi_0} \\ \delta_{\Lambda_0} &= \delta_{\Lambda_0} + \Delta\delta_{\Lambda_0} \end{aligned} \tag{5.80}$$

(4) 将第(3)步计算得到的 α_{Φ_0}、δ_{Λ_0}、θ 返回第(1)步继续计算,直到连续两次计算的参数差小于给定阈值,则停止计算。

5.4.3 光轴的倾斜修正

地面数字天文摄影仪在粗调平状态下拍摄星图的方式是采用旋转拍摄,光轴与旋转轴之间存在夹角,则天顶仪的光轴围绕旋转轴旋转后会在天球上画一个圆,如图 5. 33 所示。

地面数字天文摄影仪在一个定位循环过程中共拍摄 16 幅星图,采用第 5. 2 节中的定位方法可得到光轴在 16 个位置的天文坐标。为得到最终测站点的天文经纬度,采用最小二乘拟合圆的方法对 16 个位置进行拟合,将拟合圆的圆心作为定位的最终结果,可消除光轴倾斜带来的定位误差。假设光轴的天文经纬度为$(\alpha_{\Phi_i},\delta_{\Lambda_i})$,拟合圆的圆心为$(\alpha_{\Phi},\delta_{\Lambda})$,拟合圆的半径为 R,则有

$$(\alpha_{\Phi_i}-\alpha_{\Phi})^2+(\delta_{\Lambda_i}-\delta_{\Lambda})^2=R^2 \tag{5.81}$$

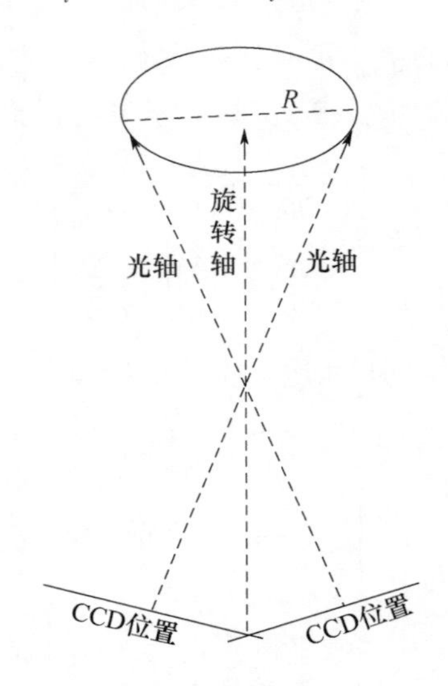

图 5. 33 光轴倾斜修正

最小二乘拟合要求距离的平方和最小,即

$$\min = \sum_{i=1}^{16}((\alpha_{\Phi_i}-\alpha_{\Phi})^2+(\delta_{\Lambda_i}-\delta_{\Lambda})^2-R^2)^2 \tag{5.82}$$

式(5. 81)可化简为

$$m\alpha_{\Phi_i}+n\delta_{\Lambda_i}+l=-({\alpha_{\Phi_i}}^2+{\delta_{\Lambda_i}}^2) \tag{5.83}$$

式中,$m=-2\alpha_{\Phi}$、$n=-2\delta_{\Lambda}$、$l=\frac{m}{4}+\frac{n}{4}-R^2$。根据最小二乘拟合圆的相关原理,结合式(5. 82)、式(5. 83)可得

$$\begin{bmatrix} \sum \alpha_{\Phi_i}^{\ 2} & \sum \alpha_{\Phi_i}\delta_{\Lambda_i} & \sum \alpha_{\Phi_i} \\ \sum \alpha_{\Phi_i}\delta_{\Lambda_i} & \sum \delta_{\Lambda_i}^{\ 2} & \sum \delta_{\Lambda_i} \\ \sum \alpha_{\Phi_i} & \sum \delta_{\Lambda_i} & m \end{bmatrix} \begin{bmatrix} m \\ n \\ l \end{bmatrix} = \begin{bmatrix} \sum \alpha_{\Phi_i}(-\alpha_{\Phi_i}^{\ 2} - \delta_{\Lambda_i}^{\ 2}) \\ \sum \delta_{\Lambda_i}(-\alpha_{\Phi_i}^{\ 2} - \delta_{\Lambda_i}^{\ 2}) \\ \sum (-\alpha_{\Phi_i}^{\ 2} - \delta_{\Lambda_i}^{\ 2}) \end{bmatrix} \tag{5.84}$$

通过最小二乘计算可得到 m、n，则经倾斜修正后光轴的天文经纬度为

$$\begin{aligned} \alpha_{\Phi} &= -\frac{m}{2} \\ \delta_{\Lambda} &= -\frac{n}{2} \end{aligned} \tag{5.85}$$

5.4.4 定位结果分析

倾角仪能够测出地面数字天文摄影仪旋转轴在敏感轴 X_T、Y_T 方向的倾角分量，在控制箱的显示面板上可实时显示倾角仪的输出值。通过观察倾角仪的输出值对脚螺旋进行调节，使地面数字天文摄影仪达到粗调平状态。为分析不同倾斜状态下粗调平定位方法的定位精度，在倾角仪的最大输出值分别为 ±50″内、±100″内、±150″内的这三种粗调平状态下进行定位实验。三种粗调平状态下星图识别的结果如表5.11～表5.13所示。

表5.11　倾角仪最大输出值在±50″内的星图识别结果

编号	图像坐标 x/pixel	图像坐标 y/pixel	天文经度/(°)	天文纬度/(°)
1	1265.825	3438.244	107.719	33.463
2	2028.887	127.916	111.029	34.469
3	991.542	1401.717	109.838	33.457
4	766.748	3713.175	107.512	33.005
5	1389.479	1768.525	109.412	33.758
6	1442.911	1531.086	109.649	33.829
7	1440.814	74.560	111.149	33.971
8	191.002	1251.134	110.089	32.789
9	177.568	2277.434	109.049	32.669
10	1109.512	2526.472	108.672	33.437
11	3199.969	2317.237	108.602	35.243
12	1433.059	2609.824	108.543	33.703
13	1942.518	2366.140	108.724	34.165

(续)

编号	图像坐标 x/pixel	图像坐标 y/pixel	天文经度/(°)	天文纬度/(°)
14	3635.449	2015.040	108.859	35.648
15	3546.766	1207.710	109.718	35.659
16	3716.098	3309.716	107.490	35.565
17	2252.095	3742.618	107.261	34.265
18	3374.367	3642.367	107.195	35.232
19	2753.467	3071.434	107.881	34.774
20	3737.467	722.500	110.205	35.872
21	400.139	3100.550	108.185	32.766
22	1267.010	1711.532	109.486	33.660

表 5.12　倾角仪最大输出值在 ±100″内的星图识别结果

编号	图像坐标 x/pixel	图像坐标 y/pixel	天文经度/(°)	天文纬度/(°)
1	1126.674	1918.048	110.030	34.469
2	3615.192	2491.389	107.544	33.703
3	2410.414	2943.324	108.840	33.457
4	2267.847	3745.309	109.091	32.789
5	2773.578	2542.070	108.413	33.758
6	2717.939	2665.061	108.487	33.660
7	221.049	1653.584	110.939	34.783
8	3534.549	2815.008	107.674	33.437
9	961.561	1258.000	110.120	35.049
10	784.390	1427.979	110.326	34.922
11	805.982	1517.982	110.315	34.843
12	1079.280	2506.441	110.151	33.971
13	3294.350	3749.584	108.051	32.669
14	1511.511	3141.403	109.785	33.384
15	3305.276	727.400	107.604	35.243
16	2535.498	2490.928	108.651	33.829
17	3366.529	1983.982	107.725	34.165
18	4064.006	1166.950	106.882	34.774
19	1369.952	3410.857	109.963	33.169
20	427.000	2902.963	110.868	33.695
21	2998.318	294.618	107.861	35.648
22	2192.316	391.066	108.720	35.659
23	1705.019	204.602	109.207	35.872
24	986.048	1906.563	110.174	34.492

表 5.13　倾角仪最大输出值在 ±150″内的星图识别结果

编号	图像坐标 x/pixel	图像坐标 y/pixel	天文经度/(°)	天文纬度/(°)
1	2173. 259	2345. 162	109. 403	34. 469
2	804. 587	188. 183	106. 917	33. 703
3	1980. 067	713. 382	108. 213	33. 457
4	1439. 440	743. 538	107. 787	33. 758
5	2072. 424	2933. 893	109. 699	34. 922
6	2120. 379	2854. 829	109. 688	34. 843
7	3987. 422	3004. 415	111. 307	33. 943
8	2867. 027	3576. 393	110. 771	34. 931
9	2265. 103	2451. 545	109. 548	34. 492
10	2632. 054	3168. 930	110. 313	34. 783
11	341. 166	2683. 031	108. 093	35. 659
12	3091. 878	94. 810	108. 733	32. 454
13	1572. 621	947. 159	108. 024	33. 829
14	3832. 048	593. 655	109. 641	32. 403
15	624. 952	723. 976	107. 098	34. 165
16	2620. 747	1960. 075	109. 524	33. 971
17	557. 449	3157. 454	108. 580	35. 872
18	2758. 519	1204. 481	109. 158	33. 384
19	3048. 952	1113. 000	109. 336	33. 169
20	2644. 920	243. 557	108. 464	32. 789
21	1565. 116	695. 446	107. 861	33. 660
22	1826. 951	2929. 874	109. 494	35. 049

选取倾角仪最大输出值在 ±150″以内拍摄的星图对 CCD 倾斜修正模型进行具体分析，倾角仪的输出值如表 5. 14 所示。

表 5.14　±150″内的倾角仪输出值

编号	θ_1/(″)	θ_2/(″)	编号	θ_1/(″)	θ_2/(″)
1	-6. 806	-111. 382	5	-18. 151	113. 858
2	73. 636	-74. 667	6	-99. 007	74. 049
3	-84. 774	-81. 062	7	64. 973	81. 474
4	-122. 315	-8. 869	8	100. 450	5. 362
9	100. 244	5. 362	13	-121. 902	-9. 075
10	64. 973	81. 680	14	-83. 743	-80. 855
11	-99. 213	74. 049	15	74. 874	-72. 811
12	-18. 151	114. 270	16	-5. 362	-110. 145

设光轴的天文经纬度为测站点的天文经纬度，焦距为600mm，解算表5.11中恒星的天文经纬度的理论CCD图像坐标，再将表中的CCD图像坐标结合倾角仪的输出值进行修正，该星图对应的倾角仪输出值为(−6.806″,−111.382″)和(−18.151″,113.858″)，将修正后的CCD图像坐标与理论CCD图像坐标进行比较，结果如表5.15所示。

表5.15　CCD倾斜修正

理论CCD图像坐标		修正后CCD图像坐标		差值	
图像坐标 x/pixel	图像坐标 y/pixel	图像坐标 x/pixel	图像坐标 y/pixel	Δx/pixel	Δy/pixel
2157.146	2313.196	2158.057	2312.025	−0.911	1.171
786.031	155.210	789.362	155.012	−3.331	0.198
1963.049	679.930	1964.864	680.232	−1.814	−0.302
1421.932	710.504	1424.231	710.387	−2.299	0.117
2056.595	2902.983	2057.222	2900.751	−0.627	2.231
2104.537	2823.655	2105.177	2821.688	−0.639	1.967
3973.797	2971.940	3972.194	2971.266	1.604	0.674
2852.469	3545.804	2851.813	3543.236	0.656	2.568
2249.412	2419.871	2249.900	2418.408	−0.488	1.464
2616.939	3137.982	2616.846	3135.782	0.093	2.200
323.682	2653.064	325.962	2649.896	−2.279	3.168
3075.558	59.163	3076.687	61.652	−1.129	−2.489
1555.618	914.495	1557.414	914.011	−1.796	0.484
3817.330	558.514	3816.855	560.511	0.475	−1.997
606.409	691.712	609.729	690.820	−3.320	0.892
2604.825	1927.216	2605.544	1926.939	−0.720	0.277
540.022	3128.215	542.251	3124.315	−2.230	3.900
2743.116	1170.645	2743.319	1171.342	−0.204	−0.697
3033.750	1078.354	3033.754	1079.860	−0.004	−1.506
2628.635	208.675	2629.725	210.400	−1.090	−1.726
1548.043	662.110	1549.908	662.294	−1.865	−0.184
1810.444	2899.528	1811.751	2896.733	−1.307	2.795

由表5.15可知，修正后的CCD图像坐标与理论CCD图像坐标比较接近，最大差值不超过4pixel，表明CCD倾斜修正模型能够将倾斜状态下的CCD图像坐标修正至水平状态。

将表5.12和表5.13所示的两幅星图的数据按相同的方法进行处理，表5.12所示星图对应的倾角仪输出值为（28.691″，41.595″）和（-48.801″，-40.790″），表5.13所示星图对应的倾角仪输出值为（70.122″，3.013″）和（-91.891，-7.991″），理论CCD图像坐标和修正后CCD图像坐标的差值如图5.34所示。由图5.34分析可知，将表5.15中的CCD图像坐标修正后与理论图像坐标相比，x坐标、y坐标的最大差值不超过4pixel。将表5.12中CCD图像坐标修正后与理论图像坐标相比，x坐标、y坐标最大差值不超过4.5pixel。进一步表明CCD倾斜修正模型可将粗调平状态下的CCD图像坐标修正至水平状态，为粗调平状态下的定位解算奠定了基础。

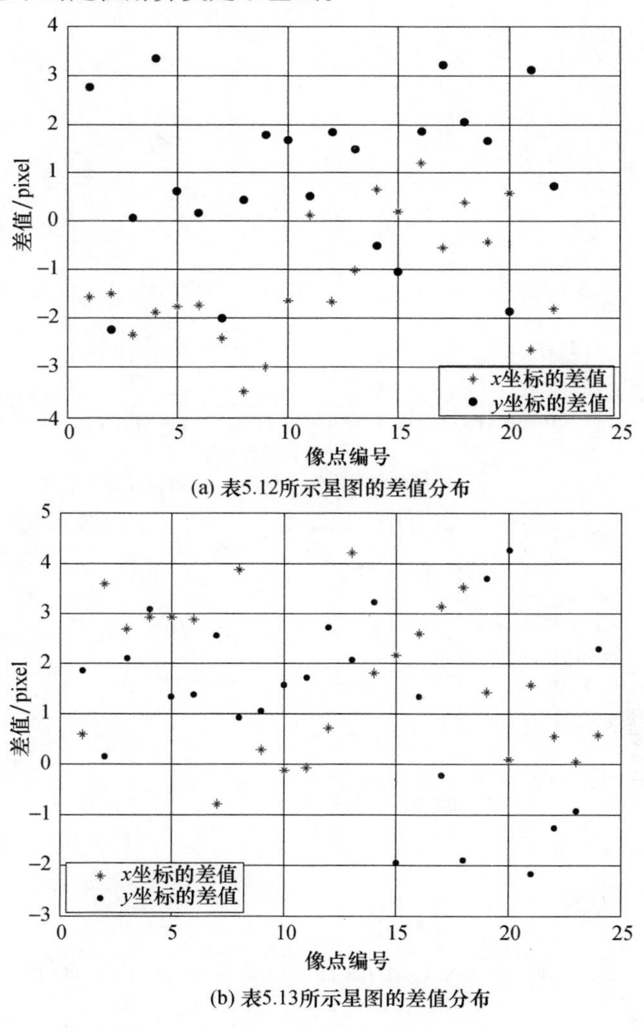

(a) 表5.12所示星图的差值分布

(b) 表5.13所示星图的差值分布

图5.34　差值分布

将地面数字天文摄影仪在3种粗调平状态下拍摄星图的CCD图像坐标进行倾斜修正后,按第5.4.2节中介绍的定位解算方法进行光轴天文经纬度的求解。为展现光轴在空间中的轨迹,以天文经度作为横坐标,天文纬度作为纵坐标画图表示,结果如图5.35所示。由图5.35分析可知,地面数字天文摄影仪在粗调平状态下进行旋转拍摄时,天顶仪光轴的轨迹在天球上成圆形分布,故采用最小二乘拟合圆的方式找出光轴旋转的中心,即可消除光轴相对于旋转轴的倾斜误差,得到较准确的天文经纬度。采用最小二乘拟合圆的方式对光轴的轨迹进行拟合,结果如图5.36所示。

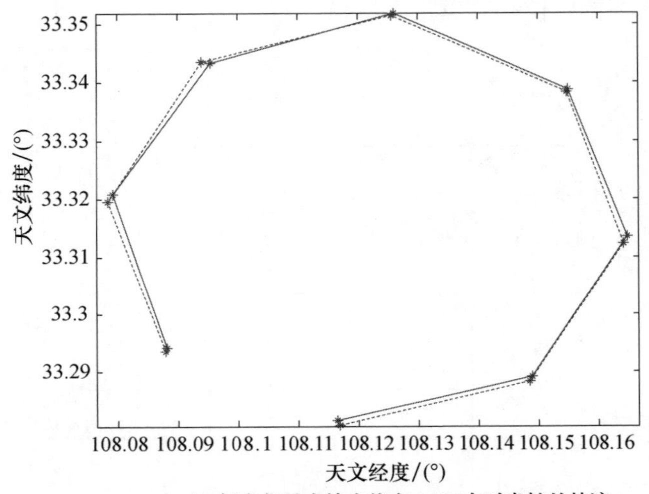

(a) 倾角仪最大输出值在±50″内时光轴的轨迹

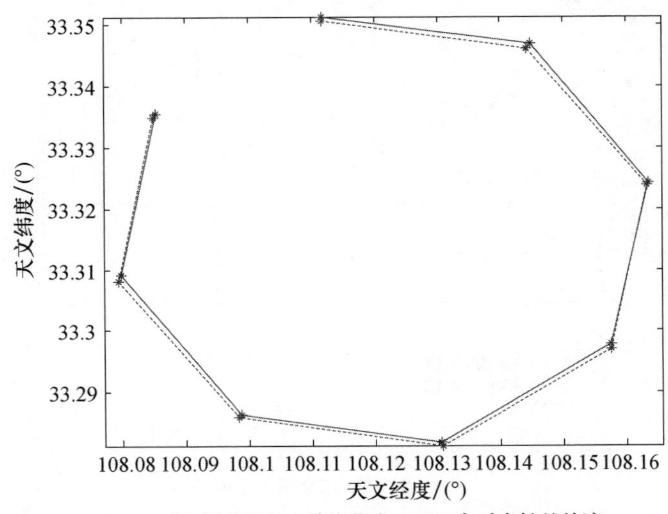

(b) 倾角仪最大输出值在±100″内时光轴的轨迹

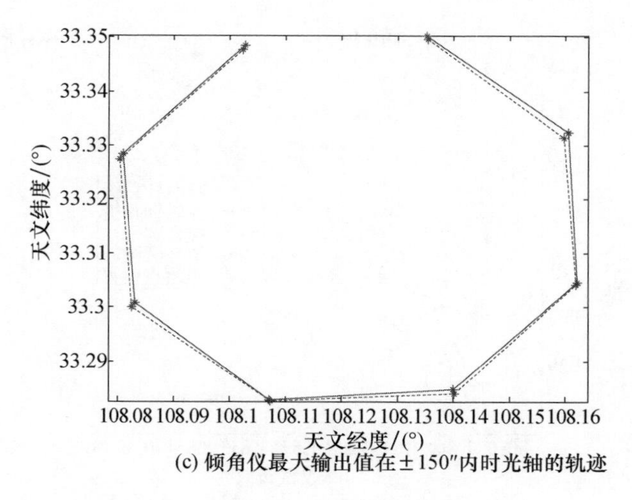

(c) 倾角仪最大输出值在±150″内时光轴的轨迹

图 5.35　光轴轨迹

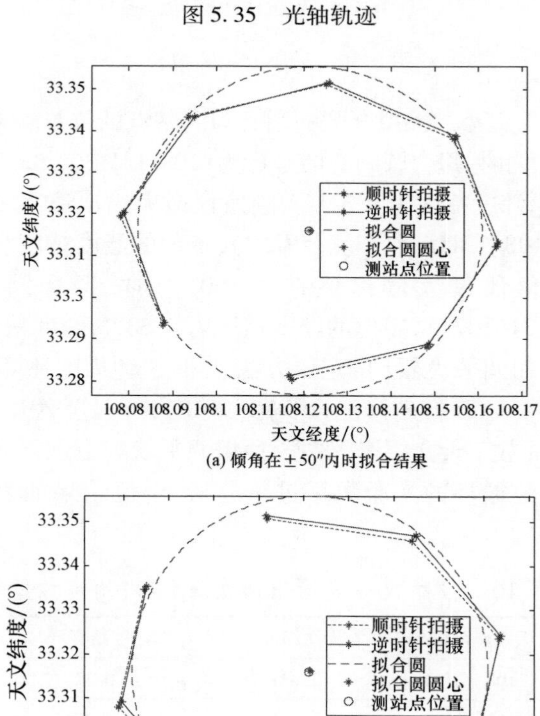

(a) 倾角在±50″内时拟合结果

(b) 倾角在±100″内时拟合结果

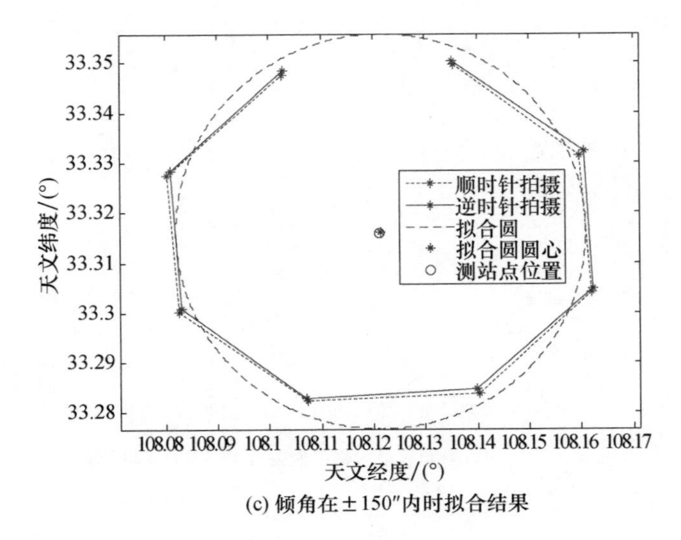

(c) 倾角在±150″内时拟合结果

图 5.36　最小二乘圆拟合

由图 5.36 可知,最小二乘拟合圆的圆心与测站点的位置基本重合,当倾角仪最大输出值在±50″内时,拟合圆圆心的坐标为(108.121136°,33.316105°),定位的经度精度为 0.332″,纬度精度为 0.321″。倾角仪最大输出值在±100″内时,拟合圆圆心的坐标为(108.121138°,33.315925°),定位的经度精度为 0.325″,纬度精度为 0.331″。倾角仪最大输出值在±150″内时,拟合圆圆心的坐标为(108.121322°,33.316107°),定位的经度精度为 0.337″,纬度精度为 0.326″。

为更好地评估粗调平状态下的定位方法,尽量避免周围环境的振动等因素引起倾角仪线性漂移对 CCD 倾斜修正的影响。2018 年 6 月至 2018 年 7 月 21:00–24:00 间,利用地面数字天文摄影仪在 3 种粗调平状态下进行实验,分别取 3 种状态下的 15 个定位循环的实验数据进行分析,定位结果如表 5.16～表 5.18 所示。

表 5.16　倾角仪最大输出值在±50″内的定位结果

定位循环	天文经度/(°)	天文纬度/(°)	经度精度/(″)	纬度精度/(″)
1	108.12114	33.31610	0.326	0.311
2	108.12133	33.31590	0.361	0.412
3	108.12131	33.31610	0.311	0.320
4	108.12114	33.31592	0.327	0.344
5	108.12114	33.31611	0.332	0.322
6	108.12134	33.31591	0.415	0.378

（续）

定位循环	天文经度/(°)	天文纬度/(°)	经度精度/(″)	纬度精度/(″)
7	108.12114	33.31611	0.331	0.321
8	108.12132	33.31593	0.327	0.316
9	108.12111	33.31590	0.429	0.426
10	108.12133	33.31611	0.352	0.329
11	108.12113	33.31611	0.362	0.341
12	108.12132	33.31612	0.341	0.357
13	108.12112	33.31591	0.376	0.369
14	108.12132	33.31611	0.334	0.324
15	108.12133	33.31592	0.360	0.339

表5.17　倾角仪最大输出值在±100″内的定位结果

定位循环	天文经度/(°)	天文纬度/(°)	经度精度/(″)	纬度精度/(″)
1	108.12132	33.31611	0.314	0.322
2	108.12132	33.31613	0.331	0.402
3	108.12114	33.31611	0.317	0.341
4	108.12135	33.31612	0.429	0.377
5	108.12114	33.31611	0.320	0.338
6	108.12132	33.31613	0.341	0.411
7	108.12111	33.31589	0.431	0.439
8	108.12132	33.31592	0.322	0.334
9	108.12132	33.31593	0.341	0.320
10	108.12114	33.31610	0.312	0.317
11	108.12132	33.31592	0.346	0.361
12	108.12113	33.31612	0.371	0.382
13	108.12132	33.31592	0.321	0.342
14	108.12113	33.31592	0.352	0.349
15	108.12113	33.31612	0.339	0.367

表 5.18　倾角仪最大输出值在 ±150″内的定位结果

定位循环	天文经度/(°)	天文纬度/(°)	经度精度/(″)	纬度精度/(″)
1	108.12134	33.31613	0.392	0.415
2	108.12114	33.31593	0.319	0.311
3	108.12132	33.31592	0.324	0.334
4	108.12110	33.31611	0.454	0.332
5	108.12133	33.31590	0.373	0.431
6	108.12114	33.31610	0.324	0.317
7	108.12132	33.31593	0.330	0.323
8	108.12114	33.31611	0.326	0.351
9	108.12134	33.31612	0.410	0.389
10	108.12114	33.31611	0.328	0.344
11	108.12133	33.31612	0.356	0.363
12	108.12112	33.31592	0.393	0.361
13	108.12132	33.31593	0.347	0.324
14	108.12132	33.31592	0.324	0.357
15	108.12112	33.31613	0.376	0.396

为了更严密地分析不同粗调平状态下的定位结果,将 3 种粗调平状态下的定位精度取平均值后进行分析,结果如表 5.19 所示。

表 5.19　不同粗调平状态下定位精度的平均值

倾斜状态	经度精度平均值/(″)	纬度精度平均值/(″)
±50″内	0.352″	0.347″
±100″内	0.346″	0.360″
±150″内	0.358″	0.357″

由表 5.19 分析可知,地面数字天文摄影仪在 3 种粗调平状态下的定位精度基本相同,定位精度可达到 0.36″,已接近精调平定位方法的定位精度。让地面数字天文摄影仪达到倾角仪最大输出值在 ±150″内的粗调平状态,手动调整脚螺旋已能够较快地实现,省去了仪器进行精密整平的过程,提高了地面数字天文摄影仪的工作效率。

由上述粗调平状态下的定位结果可知,粗调平状态下的定位精度与精调平状态下的定位精度相比仍存在一定的差距,其原因在于倾角仪的输出值之中包含有线性漂移、非线性漂移等影响因素,对倾斜修正带来不可忽略的误差,进而影响了定位的结果。如何消除这些干扰因素的影响,提高倾斜修正的准确性,将是下一步深入研究的重点。

参考文献

[1] 王博,田立丽,王政,等. 数字化天顶望远镜观测图像及数据处理[J]. 科学通报,2014,59(12):1100-1107.

[2] HAUK M,HIRT C,ACKERMANN C. Experiences with the QDaedalus system for astrogeodetic determination of deflections of the vertical[J]. Survey Review,2017,49(355):294-301.

[3] FOSU C,EISSFELLER B,HEIN G W. CCD to marry GPS[C]. Proceedings of the 11th International Technical Meeting of the Satellite Division of The Institute of Navigation (ION GPS 1998),1998:69-80.

[4] 杨成鹏. 基于CCD的星图识别算法及应用研究[D]. 大连:大连海事大学,2011.

[5] 刘美莹. CCD天文观测图像的星图识别和天文定位方法研究[D]. 北京:中国科学院,2009.

第6章 基于六参数模型与转台转位误差补偿的定向方法

目前地面数字天文摄影仪定向采用的方法是:通过构建星图中星点的CCD坐标和切平面坐标之间的转换关系,利用转换关系中相关系数求解CCD坐标轴方位角,实现定向。因此,为了精确求解方位角,提高定向精度,必须选用合适的转换模型进行坐标转换。若转换模型过于简单,则不能精确地求解转换系数,影响方位角解算精度;若模型过于复杂,包含大量参数,则方位角计算量很大,导致定向效率不高。此外,地面数字天文摄影仪转台存在转位误差,在各位置解算的方位角归算到初始位置的过程中,会对定向精度产生很大的影响,需要进行补偿。本章将围绕提高定向精度,从坐标转换模型和转台转位误差两个方面进行分析。

6.1 地面数字天文摄影仪定向原理

地面数字天文摄影仪定向实质上是计算CCD坐标轴的方位角,确定真北方向的过程。地面数字天文摄影仪拍摄天顶附近区域的星图,通过对星图进行识别,得到星点的CCD坐标并计算对应的切平面坐标。在创建星点的CCD坐标和切平面坐标的转换关系时发现,CCD坐标系 x 轴和切平面坐标系 ξ 轴的夹角(即 x 轴方位角)可以通过转换模型中的转换系数求解,其中切平面坐标系 ξ 轴指向正北,因此只要精确求解方位角,就可以实现对北向的确定。

如图6.1所示,仪器在对恒星进行拍照的过程中,光线透过物镜成像于CCD图像传感器的平面上。通过对星图识别处理,可以得到星点的CCD坐标 (x_i, y_i),将星点的特征量与特征数据库中的数据进行匹配,得到星点的天球坐标 (α_i, δ_i)。

$$\begin{aligned} \xi &= \frac{\cos\phi\tan\delta - \sin\phi\cos t}{\sin\phi\tan\delta + \cos\phi\cos t} \\ \eta &= \frac{-\sin t}{\sin\phi\tan\delta + \cos\phi\cos t} \end{aligned} \tag{6.1}$$

由式(6.1)可知,在计算恒星切平面坐标的过程中,需要已知切平面坐标系原点 Z_0 的天文经度 λ 和天文纬度 ϕ,采用测点的概略位置代替。为了创建星点的切平面坐标和CCD坐标的转换关系,需要对两坐标系的相对位置进行研究,二者的投影位置关系如图6.2所示。

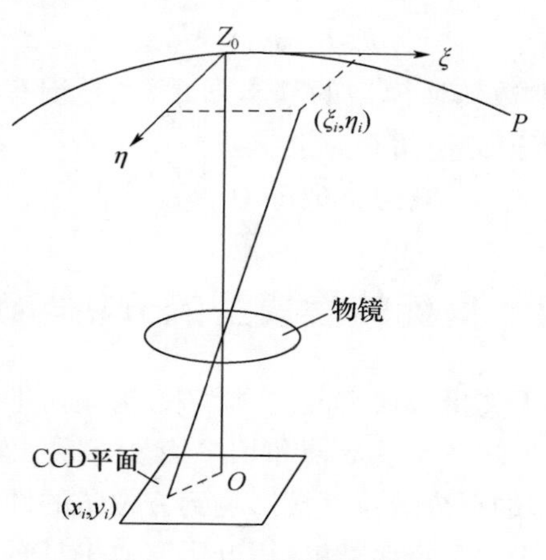

图6.1　恒星成像示意图

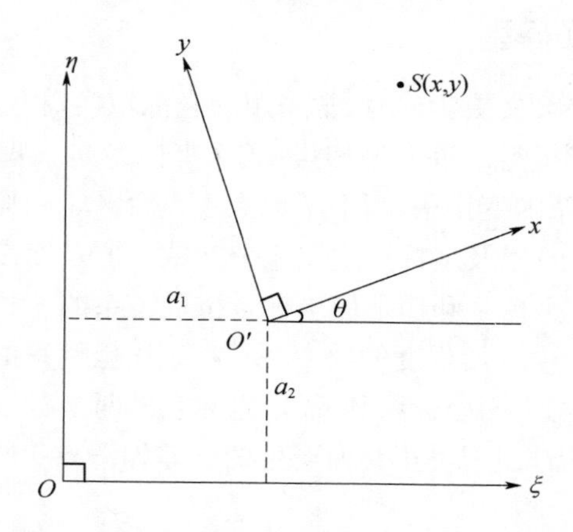

图6.2　CCD坐标系与切平面坐标系位置关系

图6.2中,O为切平面坐标系(ξ,η)的原点,也是天顶仪旋转轴与天球交点,ξ轴对应子午圈切线方向,指向正北,η轴对应卯酉圈切线方向,指向正东;O'是CCD坐标系(x,y)的原点,为了方便计算,选取CCD平面的中心位置和平行于CCD传感器两边的两轴建立坐标系oxy。θ是CCD坐标系x轴和切平面坐标系ξ轴的夹角,即方位角。假设CCD坐标轴转换为切平面坐标轴的尺寸比例系数是m。对于图6.2中任意一点$S(x,y)$,其切平面坐标为

$$\begin{aligned}\xi &= a_1 + mx\cos\theta - my\sin\theta \\ \eta &= a_2 + mx\sin\theta + my\cos\theta\end{aligned} \tag{6.2}$$

令 $m\cos\theta = b_1$，$m\sin\theta = c_1$，则式(6.2)简化为

$$\begin{aligned}\xi &= a_1 + b_1 x - c_1 y \\ \eta &= a_2 + c_1 x + b_1 y\end{aligned} \tag{6.3}$$

式(6.3)即为四参数转换模型的基本形式，也是现有的定向方法中采用的转换模型，从中可以解得方位角 θ 为

$$\theta = \arctan(c_1/b_1) \tag{6.4}$$

6.2 坐标转换模型的分析与改进

在实现地面数字天文摄影仪定向的过程中，构建切平面坐标和 CCD 坐标间的转换模型，是求解 CCD 坐标系 x 轴和切平面坐标系 ξ 轴夹角，实现定向的基础，所以坐标转换模型的拟合效果直接影响到方位角的计算精度。因此，建立合适的坐标转换模型对于提高定向精度、提升运算效率具有重要意义。

6.2.1 六参数转换模型

在运用地面数字天文摄影仪时，常采用的坐标转换模型为四参数转换模型，又称作线性正形转换模型。该模型假设 CCD 坐标系是一理想的直角线性坐标系，在与切平面坐标系的变换中，考虑了原点不重合产生的原点差 a_1、a_2，坐标轴间的夹角(即方向差 θ)以及坐标尺度差 4 个参数。但是四参数转换模型是一种简化模型，是对 CCD 坐标系和切平面坐标系位置关系的一种理想假设。实际上由于星点的图像会产生一定程度的畸变，所以 CCD 坐标系的 x 轴和 y 轴几乎不可能完全正交，同时切平面坐标系和 CCD 坐标系的两坐标轴的尺寸比例系数也并不完全一致。坐标轴由于不正交而产生的误差如图 6.3 所示。

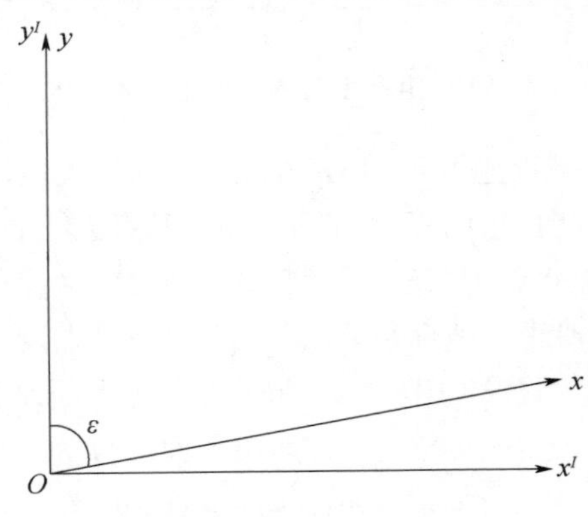

图 6.3　坐标轴不正交误差

由于四参数模型并未考虑不正交误差，因此在四参数模型的基础上建立了六参数变换模型，坐标系的位置关系如图6.4所示。

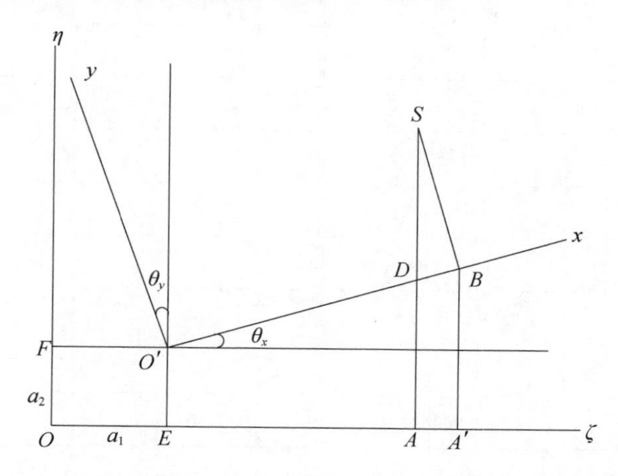

图6.4　不正交情况下CCD坐标系与切平面坐标系位置关系

图6.4中x轴与ξ轴的交角为θ_x，y轴与η轴交角为θ_y，x轴方向单位长度化为角度的比例系数是m，y轴方向单位长度化为角度的比例系数是n。图6.4中任意一点$S(x,y)$的切平面坐标为

$$\begin{cases}\xi = OA = OE + EA' - AA' = a_1 + O'B\cos\theta_x - SB\sin\theta_y \\ \quad = a_1 + mx\cos\theta_x - ny\sin\theta_y \\ \eta = AS = OF + FD + DS = a_2 + mx\sin\theta_x + ny\cos\theta_y\end{cases} \tag{6.5}$$

令$m\cos\theta_x = b_1$，$-n\sin\theta_y = c_1$，$m\sin\theta_x = b_2$，$n\cos\theta_y = c_2$，则式(6.5)简化为

$$\begin{cases}\xi = a_1 + b_1 x + c_1 y \\ \eta = a_2 + b_2 x + c_2 y\end{cases} \tag{6.6}$$

式(6.6)即为六参数转换模型的基础形式，根据式(6.6)可得

$$\begin{cases}\theta_x = \arctan(b_2/b_1) \\ \theta_y = \arctan(-c_1/c_2)\end{cases} \tag{6.7}$$

显然，四参数转换模型是六参数转换模型的一种特殊情况，此时选取$\alpha=\beta$，$m=n$。

6.2.2　试验及数据分析

使用四参数转换模型对星点CCD坐标和切平面坐标进行转换，利用最小二乘法计算出模型的待求参数并解算出方位角，解算出的方位角数据如表6.1所示。

表 6.1　四参数模型解算的方位角

拍摄位置	方位角/rad	拍摄位置	方位角/rad
1	2.159299	9	2.944477
2	1.373991	10	-2.554277
3	0.588377	11	-1.768974
4	-0.197271	12	-0.983661
5	-0.983003	13	-0.197787
6	-1.768579	14	0.587936
7	-2.553763	15	1.373537
8	2.944492	16	2.158772

表 6.1 为解算得到的 1 ~ 16 位置的方位角结果，范围在 $-\pi \sim +\pi$，方位角数据以第 8 幅和第 9 幅星图为中心对称分布。现将各位置解算的方位角减去对应的旋转角度，归算到起始位置，归算后的方位角计算结果如表 6.2 所示。

表 6.2　归算后的四参数模型解算的方位角

组数	方位角/rad	组数	方位角/rad
1	-0.982293	9	-0.982514
2	-0.982203	10	-0.983481
3	-0.982419	11	-0.983577
4	-0.982669	12	-0.983661
5	-0.983003	13	-0.983185
6	-0.983181	14	-0.982861
7	-0.982967	15	-0.982658
8	-0.982498	16	-0.982820

归算后的方位角范围取 $-\pi/2 \sim +\pi/2$，对方位角数据取均值，则初始位置的方位角为 $\bar{\theta} = -0.982874\text{rad}$，定向精度为 93.10″。为了对比不同转换模型对方位角解算结果的影响，使用六参数转换模型对恒星 CCD 坐标与切平面坐标进行拟合，解算得到的方位角数据如表 6.3 所示。

表 6.3　六参数模型解算的方位角

拍摄位置	方位角/rad	拍摄位置	方位角/rad
1	2.159123	9	2.944663
2	1.373676	10	-2.553781
3	0.588213	11	-1.768400
4	-0.197188	12	-0.983206
5	-0.982595	13	-0.197643
6	-1.767939	14	0.587663
7	-2.553309	15	1.373197
8	2.944639	16	2.158605

对表 6.3 中的方位角数据加以归算，归算结果如表 6.4 所示。

表 6.4　归算后的六参数模型解算的方位角

组数	方位角/rad	组数	方位角/rad
1	-0.982469	9	-0.982327
2	-0.982517	10	-0.982984
3	-0.982582	11	-0.983001
4	-0.982586	12	-0.983206
5	-0.982594	13	-0.983041
6	-0.982540	14	-0.983133
7	-0.982512	15	-0.982997
8	-0.982351	16	-0.982987

同理，计算使用六参数转换模型解算得到的方位角均值为 $\bar{\theta} = -0.982740\text{rad}$，定向精度为 61.27″。归算后的六参数转换模型解算的方位角与四参数转换模型解算的结果对比如图 6.5 所示。

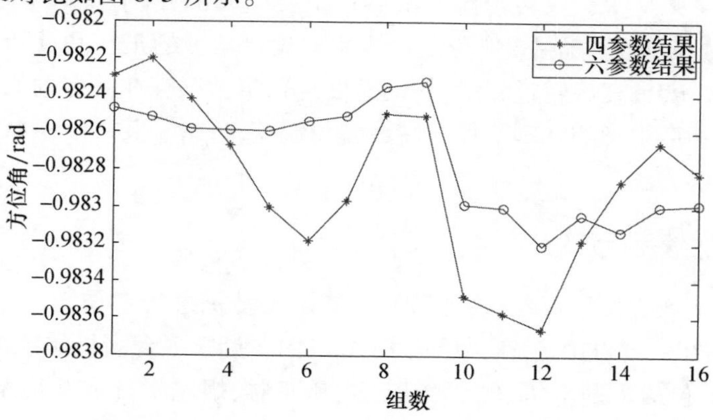

图 6.5　四参数转换模型与六参数转换模型解算的方位角对比

从图6.5中可以明显看出，六参数转换模型解算的方位角结果，其波动幅度明显低于四参数转换模型得到的结果，因此定向精度更高。采用同样的分析方法，分别使用双线性转换模型和椭圆转换模型进行坐标转换，解算方位角并计算定向精度，这里直接将方位角均值和定向精度结果列于表6.5中。

表6.5 不同模型解算的方位角均值及精度

转换模型	四参数转换模型	六参数转换模型	双线性转换模型	椭圆转换模型
方位角均值 $\bar{\theta}$/rad	-0.982874	-0.982740	-0.982740	-0.982737
定向精度/(″)	93.10	61.27	60.20	59.74

从表6.5中计算结果可以得出，几种转换模型解算的方位角均值相差不大，但是在定向精度上，四参数转换模型相对于后几种模型精度几乎一致，而后三种转换模型的定向精度相近，其中椭圆转换模型定向精度最高。根据定向精度可以明显得出，复杂转换模型由于考虑了更多的误差因素，模型更加具体，其对于坐标转换时数据的拟合效果要高于简单模型。但是复杂模型因为考虑因素多，增加了运算量，当处理大量实验数据时，将增加处理时间，影响定向效率。同时，仔细对比后三种转换模型的定向精度可以发现，六参数转换模型的精度与两种非线性转换模型相差不大，而非线性转换模型中包含二次项，增加了运算量，因此，转换模型并非形式越复杂越好，而应当根据望远镜的实际成像结果，选取合适的转换模型。综上所述，六参数转换模型既具有较好的定向精度，同时模型形式简单，运算量较小，能够较好地实现坐标转换。

6.3 转台转位误差的分析与补偿

地面数字天文摄影仪转台作为仪器的主要组成部分，不仅对望远镜部分提供支撑，同时在试验过程中，带动望远镜实现设定角度的正转和反转，完成多幅星图的拍摄。转台在旋转过程中，转动角度与预定情况存在一定的偏差，会对定向精度的计算产生影响。本节针对转台转位误差，分析了其对定向精度的影响，并给出了补偿方法。

6.3.1 转台控制方式

地面数字天文摄影仪在试验过程中，使用旋转拍摄的工作方式，每转动45°拍摄一幅星图，一个工作循环共拍摄16幅星图。旋转平台由机械系统和电气系统组成，主要包括步进电机、霍尔传感器、减速器、蜗轮蜗杆和相应的控制器等部分。

转台的控制原理如图 6.6 所示，控制器在接受控制信号后，驱动步进电机带动减速器、蜗轮蜗杆以及转台转动，霍尔传感器将转台的转动速度和角度信号反馈给控制器，控制器进行相关运算，控制转台转动的速度和角度，实现转台转动的闭环控制。

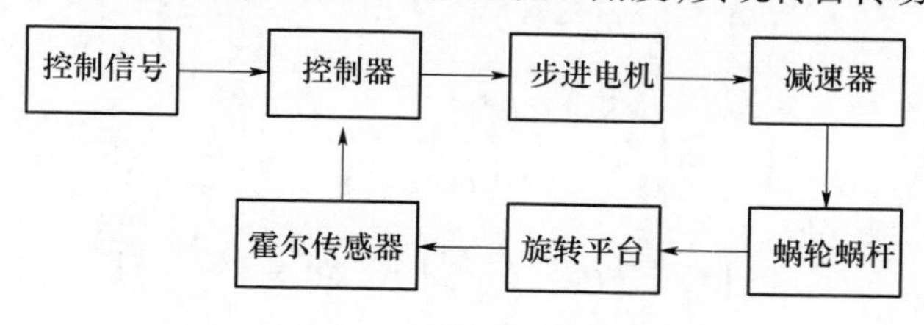

图 6.6　转台控制流程图

6.3.2　转台转位误差分析

地面数字天文摄影仪进行试验时，理论设计的两个相邻拍摄位置间的旋转角为 45°，但是由于转台机械误差以及步进电机最小步距等因素的存在，相邻拍摄位置间的旋转角并不是精确的 45°。在解算方位角的过程中，需要将各位置拍摄的星图解算出的方位角减去对应数量个 45°，归算到初始位置求取平均值，因此转台旋转误差会对方位角的解算造成影响。为了补偿转台误差对于解算方位角造成的影响，对转台旋转误差进行分析。

因为地面数字天文摄影仪转台为闭环控制结构，所以转台相邻位置的实际旋转角度围绕 45°理论值波动。如图 6.7 所示，位置 0 是初始拍摄位置，位置 1 是转动 45°的理论位置，位置 1′是转动后的实际位置，依次类推，位置 i 为旋转 i 个 45°后的理想位置，i' 为实际位置。θ 是初始位置的方位角，$\Delta\theta_i$ 是第 i 个位置的实际位置与理想位置的夹角。由于转台误差的存在，位置 i 实际的方位角用 θ_i 表示，有

$$\theta_i = \theta_{i0} + 45° \cdot i + \Delta\theta_i \tag{6.8}$$

式中，θ_{i0} 为将位置 i 归算到初始位置后所得方位角。

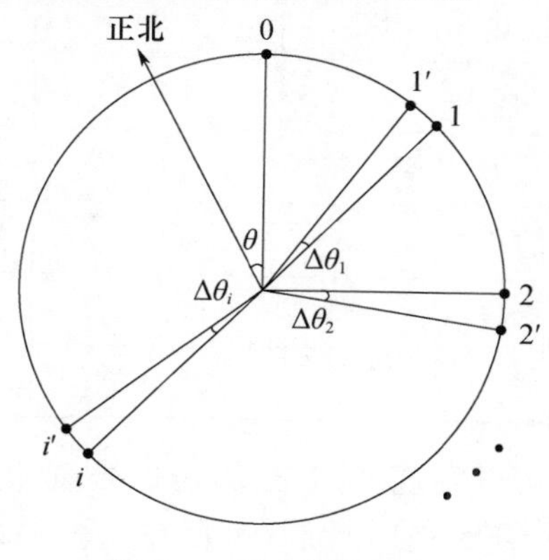

图 6.7　转台转位误差

将各个位置的方位角减去相应的旋转角度后，统一归算到初始位置，并计算其标准差，即精度，则有

$$\sigma = \left(\frac{1}{i}\sum\left((\theta_{i0}+\Delta\theta_i)-\left(\frac{\sum(\theta_{i0}+\Delta\theta_i)}{i+1}\right)\right)^2\right)^{\frac{1}{2}}$$

$$=\left(\frac{1}{i}\sum\left(\theta_{i0}-\frac{\sum\theta_{i0}}{i+1}\right)^2\right)^{\frac{1}{2}}+\left(\frac{1}{i}\sum\left(\Delta\theta_i-\frac{\sum\Delta\theta_i}{i+1}\right)^2\right)^{\frac{1}{2}}$$

$$-\left(\frac{1}{i}\sum\left(\theta_{i0}-\frac{\sum\theta_{i0}}{i+1}\right)\cdot\left(\Delta\theta_i-\frac{\sum\Delta\theta_i}{i+1}\right)\right)^{\frac{1}{2}} \tag{6.9}$$

由式(6.9)可以明显看出，定向精度主要由三部分组成，其中第一部分 $\left(\frac{1}{i}\sum\left(\theta_{i0}-\frac{\sum\theta_{i0}}{i+1}\right)^2\right)^{\frac{1}{2}}$ 即为不存在转台误差情况下的定向精度。在理想状况下，各位置计算的方位角数值相差很小，即 $\theta_{i0}-\frac{\sum\theta_{i0}}{i+1}\approx 0$，所以定向精度中的第三部分可以忽略不计，转台旋转误差对定向精度造成的影响主要由第二部分产生，则式(6.9)可简化为

$$\Delta\sigma = \left(\frac{1}{i}\sum\left(\Delta\theta_i-\frac{\sum\Delta\theta_i}{i+1}\right)^2\right)^{\frac{1}{2}} \tag{6.10}$$

由式(6.10)可以看出，地面数字天文摄影仪的定向精度会受到转台转位误差的影响，下面对误差的影响进行分析。根据表 6.5 中由六参数转换模型解算的方位角，计算出转台的转位误差，结果如表 6.6 所示。

表 6.6　转位误差

组数	旋转角度误差/(″)	组数	旋转角度误差/(″)
1	-10.07	8	-135.49
2	-13.37	9	-3.54
3	-0.59	10	-42.11
4	-1.82	11	34.00
5	11.17	12	-19.01
6	5.81	13	28.02
7	33.18	14	2.03

通过表 6.6 中数据可以发现，第 8 个转位的角度误差为 -135.49″，由于此时仪器结束顺时针旋转，开始逆时针旋转，存在一个很大的齿轮传动空行程误

差，所以作为粗大误差舍去。除此以外的其余转台转位误差的极差达到76.11″，会对定向精度产生很大的影响，将除去粗大误差后的数据代入式(6.10)中，可以计算出转台转位误差对定向精度的影响 $\Delta\sigma \approx 21.59''$，必须予以补偿。

6.3.3 转台转位误差的补偿方法

由上述分析可知，转台转位误差对定向精度的影响不可忽略，必须采用适当的方法加以补偿，现根据地面数字天文摄影仪的结构和工作方式特点，采用以下两种补偿方法。

1. 角度传感器补偿方法

通过表6.6中的转台转位误差数据可知，仪器现有的转台控制系统无法高精度地控制旋转角度，转位误差的波动范围较大，且具有随机性，很难进行补偿，因此考虑使用高精度传感器测量旋转角度，并反馈给控制器，提高旋转精度。

如图6.8所示，选用BL100－S系列高精度单圈绝对式角度传感器对转台的旋转角度进行精确测量。该传感器采用变压器原理设计，可以进行0°～360°范围内的角度测量，使用直流5V或9～30V电源供电。该系列中的21位角度传感器的分辨率为0.62″，角度测量精确度达到5″。

图6.8 BL100－S角度传感器

2. 单位置连续拍摄补偿方法

在不考虑改进设备硬件精度的情况下，仍然可以通过改变试验观测方法来提高定向精度。由于转台旋转过程中的转位误差不可避免且具有随机性，为此采用地面数字天文摄影仪单位置连续拍摄多幅星图的观测方式代替旋转拍摄方式，避免转台旋转引入的误差，并通过试验进行验证。

在合适的天文气象环境下，使用地面数字天文摄影仪在单位置上连续拍摄的方法进行了多组试验，每组试验在单位置拍摄16幅星图。使用六参数转换模型对星图中识别得到的星点数据加以处理，解算得到方位角列于表6.7中。

表 6.7　单位置连续拍摄解算的方位角

组数	方位角/rad	组数	方位角/rad
1	1.177138	9	1.177105
2	1.177086	10	1.177104
3	1.177076	11	1.177070
4	1.177248	12	1.177143
5	1.177160	13	1.177111
6	1.177055	14	1.177183
7	1.177054	15	1.177162
8	1.177120	16	1.177104

表 6.7 解算的方位角的范围为 $-\pi/2 \sim \pi/2$，为了对单位置连续拍摄补偿方法效果有一个直观的了解，将表 6.4 中旋转拍摄的解算结果与单位置拍摄结果描绘在一张图中，由于两种观测方式的初始位置不同，将单位置观测解算的方位角统一减去一常量，进行适当平移，得到的对比结果如图 6.9 所示。

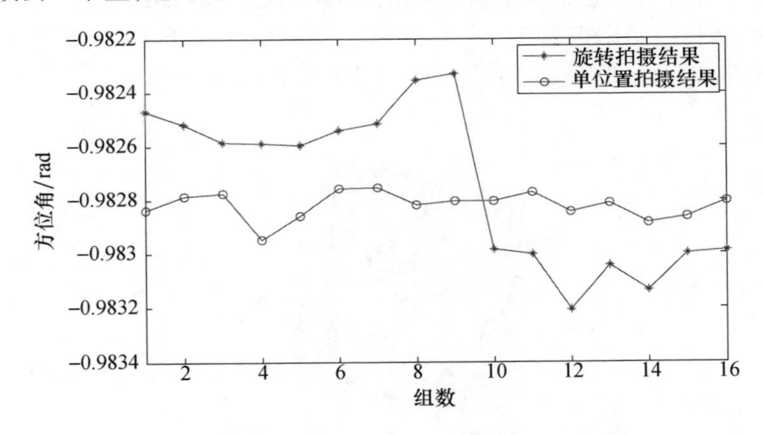

图 6.9　单位置拍摄与旋转拍摄解算的方位角结果

从图 6.9 中可以看出，单位置连续拍摄有效避免了转台相邻位置误差对解算方位角的影响，方位角的波动幅度显著减小。采用六参数转换模型的旋转拍摄方式，定向精度为 61.27″，对表 6.7 中的数据加以处理，得到单位置拍摄观测方式定向精度为 10.58″。试验结果表明，采取单位置连续拍摄的观测方式，其定向精度比旋转拍摄方式有大幅度提高。

通过对比两种补偿方法可以发现，两种方法都能有效补偿转台转位误差的影响，但是单位置连续拍摄方法，使用现有设备条件就能够有效地补偿，无需对硬件进行改进，且具有很好的定向精度，因此单位置连续拍摄方法具有更高的工程实用价值。

参考文献

[1] 田立丽,郭金运,韩延本,等. 我国的数字化天顶仪样机[J]. 科学通报,2014,59(12):1094-1099.

[2] 郭金运,宋来勇,常晓涛,等. 数字天顶摄影仪确定垂线偏差及其精度分析[J]. 武汉大学学报(信息科学版),2011,36(9):1085-1088.

[3] 宋来勇. 基于CCD/GPS垂线偏差测量理论算法研究[D]. 青岛:山东科技大学,2012.

[4] 翟广卿,艾贵斌. 数字天顶摄影天文定位测量的工程实现[J]. 测绘科学技术学报,2014,31(3):232-235.

[5] 王海涌,赵颉,王永海. 恒星视位置长时段更新算法及精度分析[J]. 红外与激光工程,2010,39(5):289-293.

第 7 章　误差的建模与补偿

运用地面数字天文摄影仪在进行天文定位定向时,由于多种因素的影响,存在着一定的定位与定向误差。定位与定向误差的来源主要有恒星数据误差、大气折射、极移修正、时间误差和轴系误差,其中恒星数据误差包括星点提取误差、识别的恒星数量。为了分析出这些误差对于定位结果的影响并对相关误差进行补偿,本章开展了对定位与定向误差的分析。

7.1　星点数据误差

地面数字天文摄影仪上方的恒星星光经过光学镜头成像在 CCD 图像传感器上,并在 CCD 图像传感器上建立图像坐标。恒星切平面坐标由识别恒星的天文坐标解算得到。另外,在求解图像坐标与切平面坐标之间的转换关系时采用了混合最小二乘算法。因此,参与计算的恒星图像坐标、恒星视位置和恒星数量会对最终的定位结果产生一定的影响。

7.1.1　星点提取误差

地面数字天文摄影仪拍摄天顶上方的恒星,通过对 CCD 图像传感器上的星点进行提取和识别,最终实现对测站点位置的定位。理想状态下的星点模型为小孔模型,如图 7.1 所示。

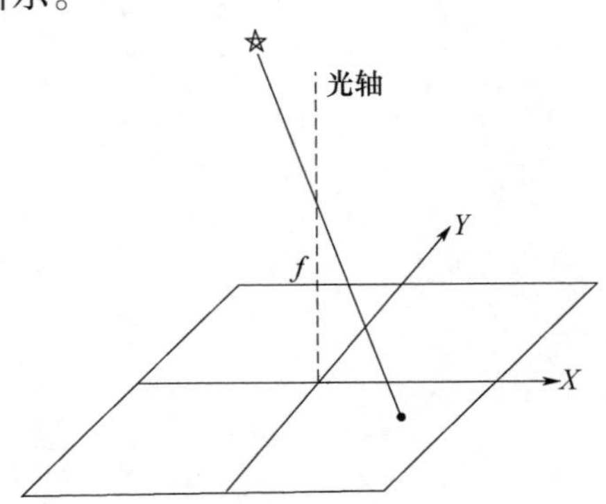

图 7.1　理想的星点成像模型

若单个星点的提取精度为 δ_σ，拍摄星图中不同星点之间的误差互不影响，则地面数字天文摄影仪的光轴指向误差可以表示为

$$E_s = \frac{\mathrm{Fov}}{N_{\mathrm{P}}}\delta_\sigma \frac{1}{\sqrt{N_{\mathrm{Fov}}}} \tag{7.1}$$

式中，Fov 表示仪器视场角，N_P 表示仪器中一维像元数，N_{Fov} 为视场内参与计算的恒星数量。表明在地面数字天文摄影仪中光轴的指向精度与星点的提取精度和恒星数量密切相关。

地面数字天文摄影仪在拍摄恒星星图时也可等效为小孔模型，然而在实际中由于 CCD 图像传感器光学系统在设计、加工和安装等方面会产生不确定性，所以提取的星点含有一定的误差。星点提取误差的来源有焦距变化、CCD 像平面倾斜、主点变化和光学畸变等。另外，在对质心定位的过程中，星点质心也受到噪声等因素的影响。

地面数字天文摄影仪在定位解算时采用了基于星点筛选的混合最小二乘算法，焦距的变化不会对定位结果产生影响，所以这里不考虑焦距的变化。由于地面数字天文摄影仪的视场角较小，光学畸变的影响几乎可以忽略，所以对星点提取误差影响较大的是 CCD 像平面的倾斜和主点的变化。当 CCD 像平面倾斜时，对模型进行简化，如图 7.2 所示。

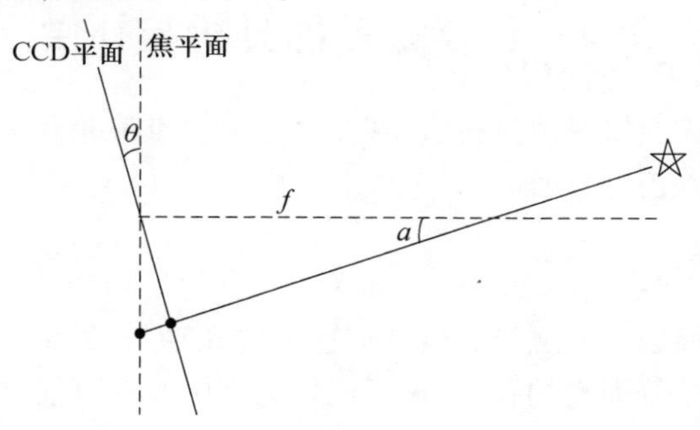

图 7.2 CCD 像平面倾斜模型

从 CCD 图像传感器的 x 轴和 y 轴两个方向求解星点位置因 CCD 像平面倾斜发生的变化，则有

$$\begin{aligned} \Delta x_1 &= f\frac{\sin a_x}{\sin(90 - a_x + \theta_x)} - f\tan a_x \\ \Delta y_1 &= f\frac{\sin a_y}{\sin(90 - a_y + \theta_y)} - f\tan a_y \end{aligned} \tag{7.2}$$

式中，a_x 与 θ_x 分别表示在 x 轴与光轴所在平面中星光与光轴之间的夹角和在 x 轴方向上 CCD 像平面的倾斜角度，a_y 与 θ_y 分别表示在 y 轴与光轴所在平面中

星光与光轴之间的夹角和在 y 轴方向上 CCD 像平面的倾斜角度。

另外,由光轴主点变化导致的恒星像点的图像坐标的变化值为 Δx_2 和 Δy_2。在提取星点质心坐标时一般采用亚像素细分法。最为常用的细分算法是灰度加权质心法和平方加权质心法。这些算法在进行星点质心提取的过程中都受算法本身误差的影响,而且在进行星点质心提取的过程中会受到噪声等因素的影响,这些因素也会带来星点质心的提取误差,误差值 Δx_3 和 Δy_3 一般在 0.05 ~ 0.1pixel。

综上可知,星点的提取误差为

$$\begin{aligned} \Delta x &= \Delta x_1 + \Delta x_2 + \Delta x_3 \\ \Delta y &= \Delta y_1 + \Delta y_2 + \Delta y_3 \end{aligned} \tag{7.3}$$

7.1.2 识别恒星数量

在对测站点天文坐标进行解算时采用了混合最小二乘算法,在解算过程中,恒星数量会对定位结果产生一定影响。德国的 ChristianHirt 曾指出识别恒星的数量在 10 ~ 20 颗时解算的精度就保持了基本稳定,但并未进行任何研究和证明,这里将通过仿真试验进行研究论证。

7.2 仪器误差的分析与补偿

在地面数字天文摄影仪进行定位时,存在着主点偏差和焦距偏差,这里对主点偏差和焦距误差进行分析。

7.2.1 主点偏差

主点是指地面数字天文摄影仪的望远镜的光轴与 CCD 传感器平面的交点,由于仪器安装误差等因素的存在,理想光轴与实际光轴可能并不重合,因此导致实际主点的位置发生变化,这就是主点偏差。主点偏差的存在会导致实际的星点坐标发生偏移,对天顶仪的定向产生影响。设主点的真值为(x_0,y_0),发生偏移后的值为(x_0',y_0'),令 $dx_0 = x_0 - x_0'$,$dy_0 = y_0 - y_0'$。同理,主点对应的天文坐标也会发生移动,令 $d\alpha_0 = \alpha_0 - \alpha_0'$,$d\delta_0 = \delta_0 - \delta_0'$,则主点发生的位移为$(d\alpha_0\cos\delta_0, d\delta_0)$。

如图 7.3 所示,C 是天球中心,P 是天北极,T 是测点,主点的位置坐标即为测点的天文坐标。设 $\boldsymbol{S}_T$ 是 T 方向单位向量,则对于赤道坐标系,$\boldsymbol{S}_T$ 表示成

$$\boldsymbol{S}_T = \begin{pmatrix} \cos\delta_0\cos\alpha_0 \\ \cos\delta_0\sin\alpha_0 \\ \sin\delta_0 \end{pmatrix} \tag{7.4}$$

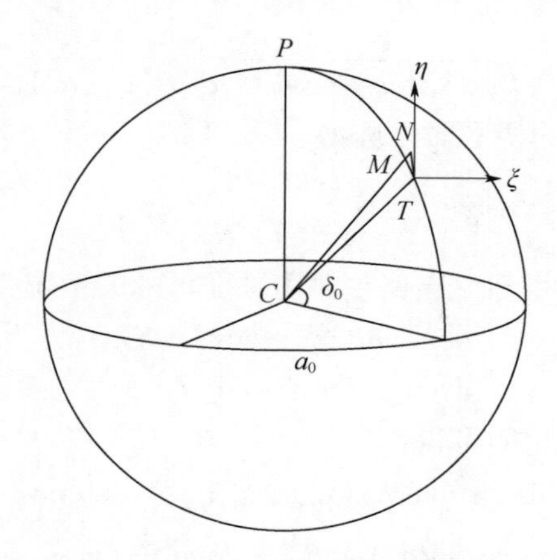

图7.3　球面坐标与切平面坐标

假设 $\boldsymbol{I}$ 是平行于 ξ 轴的单位向量，$\boldsymbol{J}$ 是平行于 η 轴的单位向量，则 $\boldsymbol{I}$ 和 $\boldsymbol{J}$ 可分别表示成

$$\boldsymbol{I}=\begin{pmatrix}-\sin\alpha_0\\ \cos\alpha_0\\ 0\end{pmatrix} \tag{7.5}$$

$$\boldsymbol{J}=\begin{pmatrix}-\sin\delta_0\cos\alpha_0\\ -\sin\delta_0\sin\alpha_0\\ \cos\delta_0\end{pmatrix} \tag{7.6}$$

对 $\boldsymbol{S}_T$ 进行微分，有

$$\mathrm{d}\boldsymbol{S}_T=\begin{pmatrix}-\cos\delta_0\sin\alpha_0\\ \cos\delta_0\cos\alpha_0\\ 0\end{pmatrix}\mathrm{d}\alpha_0+\begin{pmatrix}-\sin\delta_0\cos\alpha_0\\ -\sin\delta_0\sin\alpha_0\\ \cos\delta_0\end{pmatrix}\mathrm{d}\delta_0 \tag{7.7}$$

式(7.7)可简化为

$$\mathrm{d}\boldsymbol{S}_T=\cos\delta_0\mathrm{d}\alpha_0\boldsymbol{I}+\mathrm{d}\delta_0\boldsymbol{J} \tag{7.8}$$

对于任意天体 M，其赤经、赤纬为 (α,δ)，则 M 方向单位向量可表达为

$$\boldsymbol{S}=\begin{pmatrix}\cos\delta\cos\alpha\\ \cos\delta\sin\alpha\\ \sin\delta\end{pmatrix} \tag{7.9}$$

设 N 点是恒星 M 在过 T 点切平面上的投影点，则 N 的方向向量可以表示成 $b\boldsymbol{S}$，b 为系数。如图7.3所示，因为 TN 垂直于 CT，则有

$$(b\boldsymbol{S}-\boldsymbol{S}_T)\cdot\boldsymbol{S}_T=0 \tag{7.10}$$

将式(7.8)和式(7.9)代入式(7.10)，解得

$$b=\frac{1}{\sin\delta_0\sin\delta+\cos\delta_0\cos\delta\cos(\alpha-\alpha_0)} \tag{7.11}$$

最终得到恒星 M 的切平面坐标为

$$\begin{aligned}\xi&=b\boldsymbol{I}\cdot\boldsymbol{S}\\ \eta&=b\boldsymbol{J}\cdot\boldsymbol{S}\end{aligned} \tag{7.12}$$

对上式进行微分,得到主点偏差对切平面坐标的影响为

$$\begin{aligned}\mathrm{d}\xi&=\mathrm{d}b\boldsymbol{I}\cdot\boldsymbol{S}+b\mathrm{d}(\boldsymbol{I}\cdot\boldsymbol{S})\\ \mathrm{d}\eta&=\mathrm{d}b\boldsymbol{J}\cdot\boldsymbol{S}+b\mathrm{d}(\boldsymbol{J}\cdot\boldsymbol{S})\end{aligned} \tag{7.13}$$

将各量代入上式,化简可得

$$\begin{aligned}\mathrm{d}\xi&=-\cos\delta_0\mathrm{d}\alpha_0+(\cos\delta_0\mathrm{d}\alpha_0)\tan\delta_0\eta-(\cos\delta_0\mathrm{d}\alpha_0)\xi^2-\mathrm{d}\delta_0\xi\eta\\ \mathrm{d}\eta&=-\mathrm{d}\delta_0-(\cos\delta_0\mathrm{d}\alpha_0)\tan\delta_0\xi-\mathrm{d}\delta_0\eta^2-(\cos\delta_0\mathrm{d}\alpha_0)\xi\eta\end{aligned} \tag{7.14}$$

一般来说,对主点偏差的要求与望远镜的视场相关,视场越大,对主点偏差的精度要求越高,$1°\times1°$的视场对主点偏差的精度要求一般为 1.1′,$2°\times2°$的视场为 0.27′,$3°\times3°$的视场为 0.12′。

7.2.2 焦距误差

天文望远镜的焦距一般由望远镜的视场大小和 CCD 传感器的面积决定,可以根据简化的下式计算:

$$f=\frac{R}{2\tan(\omega/2)} \tag{7.15}$$

对于某一天体的切平面坐标和 CCD 坐标间的关系,可以简化表示成图 7.4 所示结构,虽然实际的望远镜采用的是折返式结构,与图中简化结构并不相同,但是二者在数学意义上有着很高的相似性。天体在切平面坐标系 $\xi Z_0\eta$ 中的坐标为 $p_{zi}(\xi_i,\eta_i)$,则有

$$\begin{aligned}\xi_i&=\frac{\cos\phi\tan\delta_i-\sin\phi\cos t_i}{\sin\phi\tan\delta_i+\cos\phi\cos t_i}\\ \eta_i&=\frac{-\sin t_i}{\sin\phi\tan\delta_i+\cos\phi\cos t_i}\end{aligned} \tag{7.16}$$

式中,δ_i 是该颗恒星的视赤纬,t_i 是恒星时角,ϕ 是切平面坐标系原点 Z_0 的天文纬度。假设 Z_0 至望远镜镜头中心的距离为 1,望远镜焦距为 f,则恒星位于 CCD 坐标系中的坐标 $p_{oi}(x_i,y_i)$ 为

$$\begin{aligned}x_i&=\frac{\cos\phi\tan\delta_i-\sin\phi\cos t_i}{\sin\phi\tan\delta_i+\cos\phi\cos t_i}f\\ y_i&=\frac{-\sin t_i}{\sin\phi\tan\delta_i+\cos\phi\cos t_i}f\end{aligned} \tag{7.17}$$

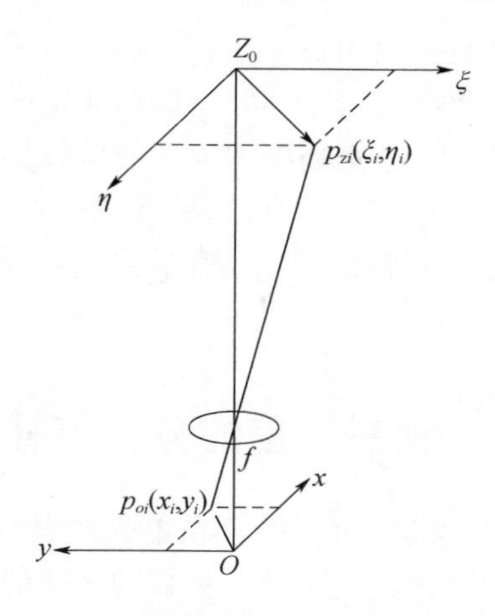

图 7.4　切平面坐标系与 CCD 坐标系关系

当焦距发生变化时，恒星的 CCD 坐标变化量为

$$\begin{aligned}\Delta x_i &= \frac{\cos\phi\tan\delta_i - \sin\phi\cos t_i}{\sin\phi\tan\delta_i + \cos\phi\cos t_i}\Delta f \\ \Delta y_i &= \frac{-\sin t_i}{\sin\phi\tan\delta_i + \cos\phi\cos t_i}\Delta f\end{aligned} \tag{7.18}$$

为了分析望远镜焦距变化对恒星的 CCD 坐标的影响，进行了以下计算。计算中使用的地面数字天文摄影仪的焦距 $f=600\text{mm}$，恒星的位置坐标使用依巴谷星表中的数据，望远镜的光轴方向的天文经纬度分别取 $\lambda=108°$，$\phi=34°$。望远镜的焦距变化分别取 1mm 和 3mm，计算结果如表 7.1 所示。

表 7.1　焦距变化引起的 CCD 坐标变化量

恒星编号	$f=600\text{mm}$ 时的星点坐标		$\Delta f=1\text{mm}$ 引起的误差		$\Delta f=3\text{mm}$ 引起的误差	
	$x_i/\mu\text{m}$	$y_i/\mu\text{m}$	$\Delta x_i/\mu\text{m}$	$\Delta y_i/\mu\text{m}$	$\Delta x_i/\mu\text{m}$	$\Delta y_i/\mu\text{m}$
87645	-1572.165	8076.011	-2.620	13.460	-7.861	40.380
87446	1035.097	12554.376	1.725	20.924	5.175	62.772
87465	-1998.067	12080.965	-3.330	20.135	-9.990	60.405
88559	-58.054	-15425.752	-0.097	-25.710	-0.290	-77.129
87987	-14575.165	-1100.713	-24.292	-1.835	-72.876	-5.504
87441	1271.247	12626.046	2.119	21.043	6.356	63.130
88190	8381.995	-6026.100	13.970	-10.044	41.910	-30.131
87773	6243.064	4420.188	10.405	7.367	31.215	22.101
88202	7544.318	-6289.859	12.574	-10.483	37.722	-31.449
87909	6449.570	986.097	10.749	1.643	32.248	4.930
平均值	—	—	2.120	3.650	6.361	10.951
极差	—	—	38.262	46.753	114.786	140.259

通过表 7.1 的计算结果可以明显看出,望远镜的焦距变化影响恒星的理论星点坐标的计算精度,且恒星的位置不同,由焦距变化产生的星点坐标变化也不同。此外,焦距的变化值越大,星点坐标的变化值也越大。通过对比星点坐标的平均值和极差可以发现,由焦距变化导致的星点坐标变化量虽然平均值较小,但是极差较大,因此具体到某一颗恒星时,焦距误差可能对定向结果产生较大影响。

7.3 轴系误差的分析与补偿

地面数字天文摄影仪在定位过程中存在着光轴、旋转轴与垂直轴之间的轴系误差,需要进行光轴与旋转轴、旋转轴与垂直轴之间的补偿。在进行定位解算时,采用对称位置的两幅星图直接解算旋转轴的坐标,避免了光轴与旋转轴之间的补偿。通过双轴倾角仪测量倾角,并对旋转轴进行倾角补偿得出垂轴指向的天文坐标。

7.3.1 光轴与旋转轴之间的补偿分析

如图 7.5 所示,由于安装误差等原因会导致 CCD 像平面的倾斜,使光轴与旋转轴互相偏离。在拍摄星图的过程中,光轴围绕着旋转轴转动。

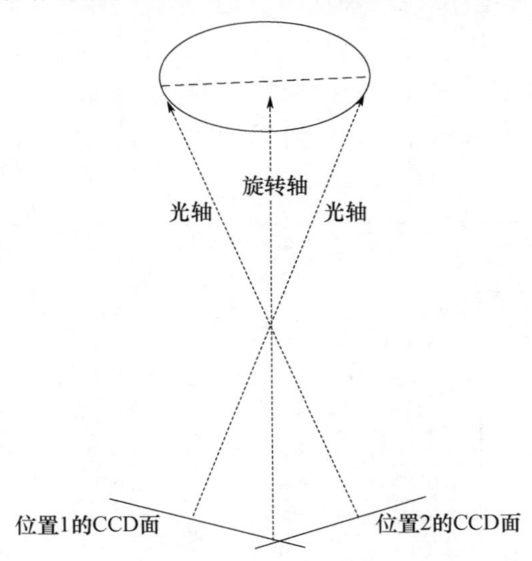

图 7.5　光轴与旋转轴示意图

进行定位解算时,首先对拍摄的恒星进行星图识别,并采用四参数转换模型进行切平面坐标和 CCD 图像坐标之间的转换。在对称的两个位置上运用混合最小二乘算法分别解算出初始位置的参数 a,b,c_1,c_2 和对称位置的参数 a',b',c_1',c_2'。如图 7.5 所示，旋转轴是位置 1 和位置 2 处的公共轴，在位置 1 和位置 2 中旋转轴的图像坐标和切平面坐标是相同的。设旋转轴中心的图像坐标值为(x_r,y_r)，切平面坐标值为(ξ_z,η_z)。将位置 1 和位置 2 联立可得

$$\begin{cases}-(a-a')x_r+(b-b')y_r+(c_1-c_1')=0\\(b-b')x_r+(a-a')y_r+(c_2-c_2')=0\end{cases}\tag{7.19}$$

令 $m=a-a',n=b-b',c=c_1-c_1',d=c_2-c_2'$，可以解算得出旋转轴中心的图像坐标值为

$$\begin{cases}x_r=(mc-nd)/(m^2+n^2)\\y_r=-(md+nc)/(m^2+n^2)\end{cases}\tag{7.20}$$

通过式(7.20)对旋转轴中心的图像坐标进行逆计算，可得旋转轴对应的天文坐标。反复进行上述计算，直至得到旋转轴精确的天文经纬度。旋转轴与垂直轴之间的倾角通过双轴倾角仪进行测定。在进行定位时，需要通过旋转转台进行星图的拍摄，下面将重点分析转位误差对轴系补偿的影响。

7.3.2　转位误差对旋转轴的影响分析

通过对称位置的恒星星图解算旋转轴中心的图像坐标，但在地面数字天文摄影仪旋转至对称位置拍摄星图时存在着一定的转位误差，这会导致旋转轴中心的图像坐标值发生变化。

如图 7.6 所示，位置 1 为初始位置，位置 2 为旋转 180°后的理想对称位置，位置 3 为旋转后的实际位置。理想状态下旋转轴应位于 O 点位置，但是由于在旋转的过程中存在着转位误差，因此导致实际旋转角度未达到完全对称的状态，O'为实际的旋转轴中心的图像坐标。用 $\Delta\psi$ 表示旋转轴中心的偏差量 OO'，则有

$$\Delta\psi=\Delta l\sin(\frac{\Delta\phi}{2})\tag{7.21}$$

式中，Δl 表示在 CCD 图像传感器上光轴中心与旋转轴中心之间的距离值，$\Delta\phi$ 为地面数字天文摄影仪旋转至对称位置时的转位误差。单个像素对应的角度 g 为 Fov/N，Fov 为视场角，N 表示 CCD 图像传感器一边的像素值。为使转位误差对于解算结果的影响可以忽略不计，则要保证：

$$g\Delta l\sin(\frac{\Delta\phi}{2})\leqslant 0.01''\tag{7.22}$$

光轴与旋转轴之间的不一致性主要是由于安装误差等原因造成的。地面数字天文摄影仪在定位过程中会发生轻微的晃动，这种晃动会带来光轴与旋转轴之间夹角的变化。如图 7.7 所示，为了减小由于晃动以及安装误差等因素对于光轴与旋转轴之间夹角造成的影响，必须对该夹角的变化范围进行研究。

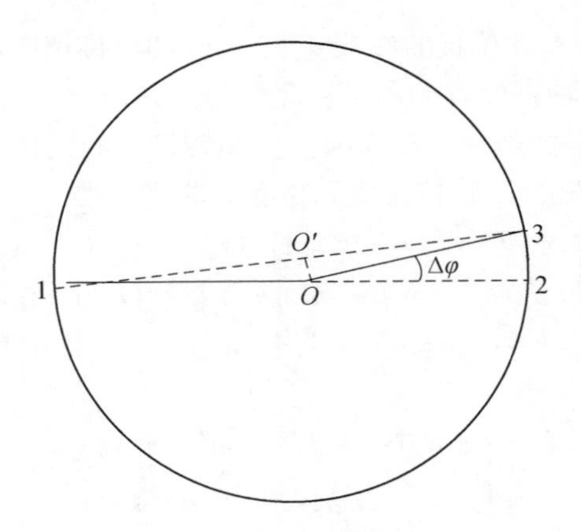

图 7.6　旋转示意图

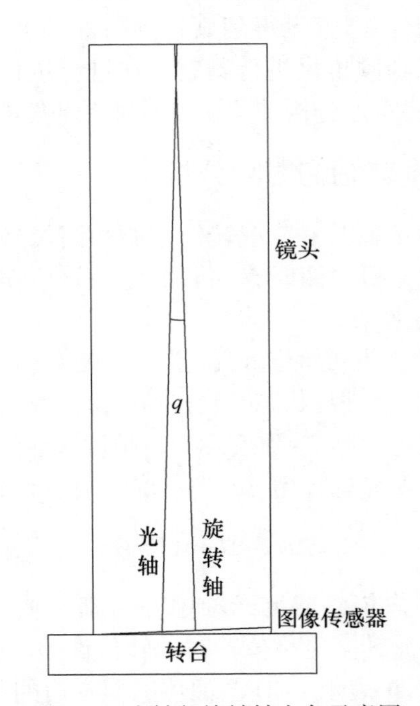

图 7.7　光轴与旋转轴夹角示意图

光轴与旋转轴之间的夹角一般较小，有

$$\Delta l = rq/d \tag{7.23}$$

式中，r 表示光轴与旋转轴的交点至 CCD 平面的距离，d 表示单个 CCD 像元的长度，一般采用焦距值取代距离 r。将式(7.22)和式(7.23)联立可得

$$\Delta\theta \leqslant \frac{0.02d}{grq} \tag{7.24}$$

表明当光轴与旋转轴的夹角和转位误差之间满足式(7.24)时,由光轴与旋转轴的夹角和转位误差造成的影响可以忽略不计。

7.3.3　转位误差对倾角补偿的影响分析

在进行天文定位的过程中,旋转轴与垂直轴之间存在着倾角。通过双轴倾角仪能够高精度地测量旋转轴与垂直轴之间的倾角值,从而对旋转轴进行倾角补偿。

倾角仪的读数存在零点偏差和漂移,在进行星图的拍摄过程中,地面数字天文摄影仪的晃动及噪声等随机误差也会带来倾角仪输出数据的变化。先在初始位置获得正交状态下的倾角修正值 n_1 和 n_2,将倾角仪旋转至对称位置后,再次获得正交状态下的倾角修正值 n_1'和 n_2'、m_0、n_0为真实值。

在初始位置时可得

$$\begin{aligned} n_1 &= m_0 + \Delta m_0 + \delta_{n1} + \Delta n_1 \\ n_2 &= n_0 + \Delta n_0 + \delta_{n2} + \Delta n_2 \end{aligned} \tag{7.25}$$

式中,Δm_0、Δn_0 为零点偏差,δ_{n1}、δ_{n2}表示漂移值,Δn_1、Δn_2 为由转台晃动等随机因素造成的误差值。旋转 θ 角度至对称位置后可得

$$\begin{aligned} n_1' &= m_0\cos\theta + n_0\sin\theta + \Delta m_0 + \delta_{n1'} + \Delta n_1' \\ n_2' &= n_0\cos\theta - m_0\sin\theta + \Delta n_0 + \delta_{n2'} + \Delta n_2' \end{aligned} \tag{7.26}$$

式中,$\theta = \pi + \Delta\theta$,运用地面数字天文摄影仪进行试验的时间相对较短,所以由于漂移造成的误差值 δ_{n1}、δ_{n2}、$\delta_{n1'}$和 $\delta_{n2'}$可以忽略不计。

联立式(7.25)和式(7.26),可得

$$\begin{aligned} 2m_0 + n_0\Delta\theta &= n_1 - n_1' - (\Delta n_1 - \Delta n_1') \\ 2n_0 - m_0\Delta\theta &= n_2 - n_2' - (\Delta n_2 - \Delta n_2') \end{aligned} \tag{7.27}$$

可以解得双轴倾角仪测量的倾角准确值为

$$\begin{aligned} m_0 &= \frac{(2a_0 - b_0\Delta\theta)}{4 + \Delta^2\theta} \\ n_0 &= \frac{(a_0\Delta\theta + 2b_0)}{4 + \Delta^2\theta} \end{aligned} \tag{7.28}$$

式中,$a_0 = n_1 - n_1' - (\Delta n_1 - \Delta n_1')$,$b_0 = n_2 - n_2' - (\Delta n_2 - \Delta n_2')$。由转位误差导致的倾角的变化值为

$$\begin{aligned} \Delta m_0 &= \frac{-2b_0\Delta\theta - a_0\Delta^2\theta}{2(4 + \Delta^2\theta)} \approx -\frac{b_0}{4}\Delta\theta \\ \Delta n_0 &= \frac{2a_0\Delta\theta - b_0\Delta^2\theta}{2(4 + \Delta^2\theta)} \approx \frac{a_0}{4}\Delta\theta \end{aligned} \tag{7.29}$$

为了减小倾角补偿对于定位精度的影响,结合式(7.29)可得

$$\sqrt{(\Delta m_0)^2 + (\Delta n_0)^2} < |0.01''\cos\delta| \tag{7.30}$$

则有

$$\Delta\theta < \frac{2|\cos\delta|}{25\sqrt{a_0{}^2 + b_0{}^2}} \tag{7.31}$$

表明转位误差值的大小与测站点所处的纬度坐标值有关。为了提高地面数字天文摄影仪的定位精度,必须减小转位误差对于轴系补偿的影响。根据式(7.31)能够得到转位误差的有效范围。

7.4 大气折射与极移等误差的分析

7.4.1 大气折射的修正

地面数字天文摄影仪在地面上拍摄恒星星图,恒星星光穿过大气层在CCD图像传感器上成像,恒星星光在经过大气层时会发生折射。大气折射包含正常大气折射和反常大气折射,其中正常大气折射是指恒星星光穿过以地球中心为球心呈同心球分布的大气层时所发生的偏转。正常的大气折射是可以进行补偿的。地面数字天文摄影仪的视场角较小,拍摄的是天顶上的恒星星图,计算折射角的公式有多种,由Smart公式可以得出高度为15°~90°范围内折射角S的精确值为

$$S = 0.97127'\tan z - 0.00137'\tan^3 z \tag{7.32}$$

式中,z为天顶距,由地面数字天文摄影仪的视场角可知z的取值为$z \in (0,1.5)$。

如图7.8所示,由于大气折射引起的CCD图像坐标的偏移量Δx_d、Δy_d为

$$\begin{aligned} \Delta x_d &= \frac{S}{\sin\lambda\cos\lambda - S\sin^2\lambda}x \\ \Delta y_d &= \frac{S}{\sin\lambda\cos\lambda - S\sin^2\lambda}y \end{aligned} \tag{7.33}$$

式中,λ为恒星星光通过地面数字天文摄影仪焦点时与光轴之间的夹角。通过式(7.18)能够对正常大气折射进行补偿,但是地球大气实际上并不是一个稳定的大气层,会受到各种作用力的影响,主要有气压梯度力、地球自转以及气体相对于地球旋转而产生的科里奥利力以及摩擦力等。在这些因素的作用下,空气质点将做随机的运动,并会产生大气湍流,进而引起大气湍流扩散现象。这样会导致同一空间中空气密度在不断地变化,星光通过这样的大气层时会产生星光闪烁和星像抖动现象,使得星光的折射偏离正常的大气折射,受到反常大气折射的影响。

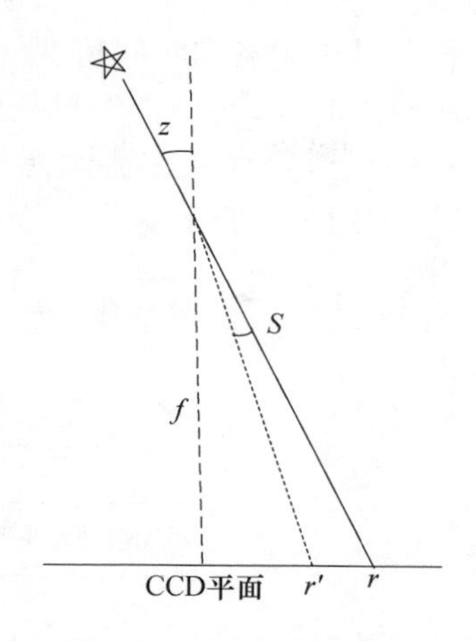

图 7.8　星光折射示意图

在运用地面数字天文摄影仪拍摄恒星星图的过程中,反常大气折射主要来自于镜筒内温度不均匀产生的光线偏转和观测上空的反常折射。反常大气折射是多变的,一般将其看作是没有规律的。反常大气折射虽然存在,但是却无法直接对其进行分析研究,常通过间接的方式对反常大气折射进行补偿。在地面数字天文摄影仪进行天文定位时,通过对恒星进行长时间的拍摄,取均值来减小反常大气折射对于定位结果的影响。

7.4.2　极移修正

在运用地面数字天文摄影仪进行定位时,需要进行极移修正。地球内部和表面的物质以及地球周围气象因素等的变化会导致地球自转轴在地球体内的位置发生摆动,从而使地球自转轴与地面相交的两点在地面上不断地移动,这一现象称为极移。极移的参数为(x_p,y_p),由国际地球自转服务(IERS)组织提供。极移的修正为

$$\begin{aligned}\Delta\delta_\Phi &= -(x_p\cos\alpha_\Lambda - y_p\sin\alpha_\Lambda)\\ \Delta\alpha_\Lambda &= -(x_p\cos\alpha_\Lambda - y_p\sin\alpha_\Lambda)/\tan\delta_\Phi\end{aligned} \tag{7.34}$$

式中,(α_Λ,δ_Φ)为经过倾角补偿后的测站点位置。

7.4.3　时间误差

时间在进行天球坐标与天文坐标之间的转换时十分重要,时间误差值会直接影响到测站点的天文经度。由时间误差导致的测站点天文经度的变化值为

$$\Delta\alpha_\Lambda = 15.08213'' \cdot \Delta t \tag{7.35}$$

可知 1ms 的时间误差将引起 0.015″的经度误差。为减小时间误差对于定位精度

的影响,必须提高时间的精度。其中影响到时间精度的因素主要是 GPS 或北斗授时系统的授时精度及 CCD 相机的曝光时间,一般条件下,授时系统的授时精度很高,能够达到微秒(μs),所以时间误差主要来源于相机快门的曝光时间。相机快门曝光时间的测定流程如图 7.9 所示。

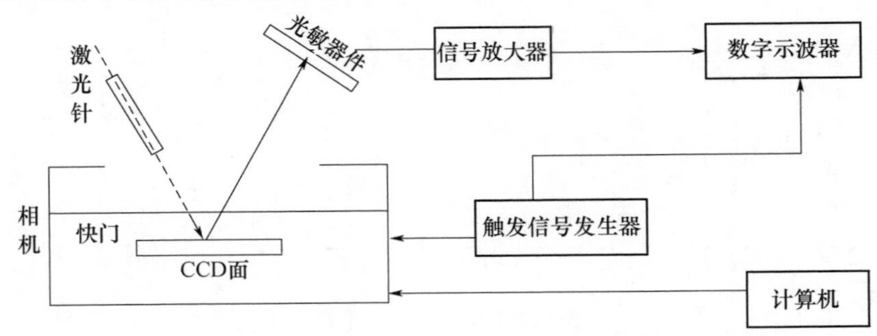

图 7.9　CCD 相机曝光时间的测定流程图

在对相机曝光时间进行测量时由触发信号发生器开启 CCD 相机,通过示波器记录下波形,从而对 CCD 相机曝光时间进行测定。为了更加准确地测量相机的曝光时间,应进行多次试验并对测量结果取均值。相机的快门特性包括快门延迟、曝光时间依赖和温度依赖,其中快门延迟是引起历元误差的主因。

快门延迟是指快门接收到 TTL 信号后,延迟一段时间才打开而不是立刻打开。如图 7.10 所示,虚线为理论上快门的打开状态,接收到信号后快门立刻开启,无延迟和开启时间。实线为实际上的快门打开过程,在接收到 TTL 信号后,快门延迟一段时间后才开始打开,打开过程经历的时间为 $t_2 - t_1$。δ_t 即为理论曝光历元与实际曝光历元之间的差别,标校得到 δ_t 可以补偿快门延迟的影响。

由图 7.10 可知,理论上的曝光历元为

$$t_{\text{theory}} = t_{\text{GPST}} + \frac{\Delta t}{2} \tag{7.36}$$

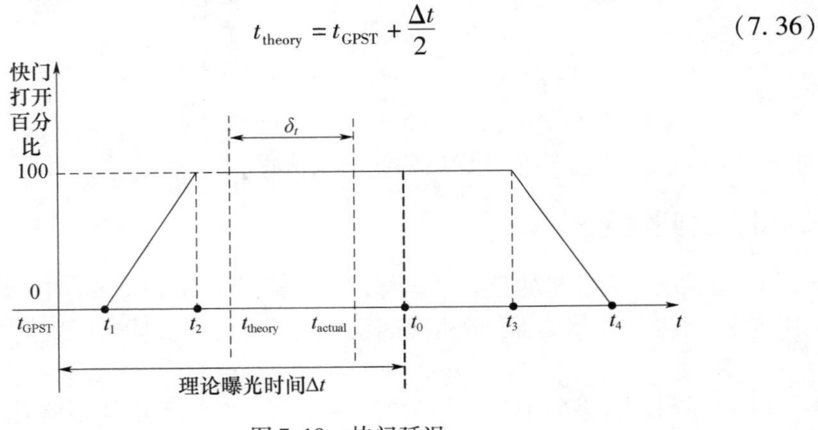

图 7.10　快门延迟

而实际上，由于快门存在延迟并且快门打开是一个过程，因此实际上的曝光历元为

$$t_{\text{actual1}} = t_{\text{GPST}} + t_1 + \frac{t_4 - t_1}{2} \tag{7.37}$$

$$t_{\text{actual2}} = t_{\text{GPST}} + t_2 + \frac{t_3 - t_2}{2} \tag{7.38}$$

快门的开关时间是不对称的，因此从图中可以得到上述两个方程，取均值可得最终的实际曝光历元：

$$t_{\text{actual}} = \frac{t_{\text{actual1}} + t_{\text{actual2}}}{2} = t_{\text{GPST}} + \frac{t_1 + t_2 + t_3 + t_4}{2} \tag{7.39}$$

由图7.10可得

$$t_{\text{actual}} = t_{\text{theory}} + \delta_t \tag{7.40}$$

可得 δ_t 的计算式：

$$\delta_t = \frac{t_1 + t_2 + t_3 + t_4}{4} - \frac{\Delta t}{2} \tag{7.41}$$

式中，t_1、t_2、t_3、t_4 可通过标校获得，Δt 为设定值。因此，通过标校可以求得快门的延迟时间并予以补偿。经过实验分析，本书中所采用的实验系统的曝光延时为0.81s，补偿后可忽略快门对时间精度的影响。

目前，地面数字天文摄影仪授时主要依靠卫星授时。卫星授时系统有GPS和北斗等，卫星系统授时存在的误差主要为测量反应延时误差。反应延时误差是指GPS或北斗从接受TTL信号到产生历元时刻所经过的时间，一般在0.2ms左右。因此，当采用卫星授时系统时这部分延迟可直接加入历元中予以补偿。

7.5 仿真及试验数据分析

7.5.1 恒星数据误差分析

实际试验的过程中无法对星点精度和星量进行有效控制，所以采用了数据仿真的方法研究这些因素对定位结果的影响，并运用从试验中获取的数据对由仿真数据获得的部分结果进行验证。

1. 仿真数据分析

地面数字天文摄影仪中CCD图像传感器的像素为4096×4096，像元大小为9μm×9μm，视场角大小为3°×3°。运用Matlab对数据进行仿真，设置测站点天文坐标为(108°,34°)，在测站点天文坐标3°×3°的范围内随机产生出星点天文

坐标，然后计算出生成星点的 CCD 图像坐标，并在恒星的天文坐标和图像坐标上加上相关误差。

1）星点提取误差对定位结果的影响

因为地面数字天文摄影仪的视场角为 3°×3°，焦距值为 600mm，光轴与恒星星光之间的夹角 a_x 和 a_y 处于 -1.5°~1.5°，像平面的最大倾斜值取 2.5′。由于倾斜造成的误差值如图 7.11 所示。

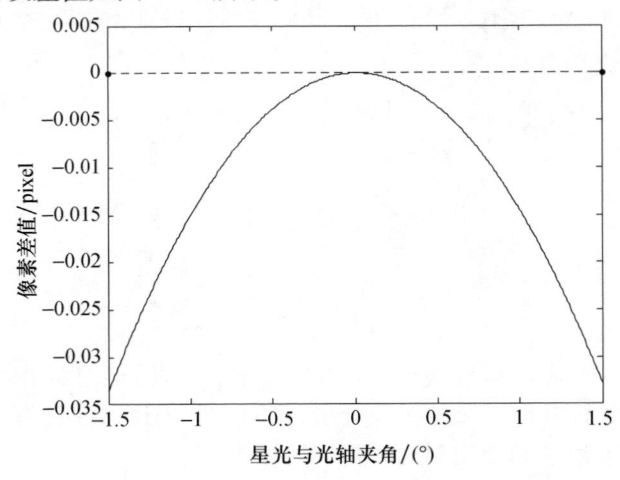

图 7.11　夹角变化时的像素差

从图 7.11 可知，在倾斜角一定的情况下，像素差值随着星光与光轴夹角的变化而变化，此时星点的像素误差值在 0~0.035pixel；光轴主点偏差一般在 10pixel 左右；运用亚像素细分法提取恒星质心的误差为 0.05~0.1pixel。

任意仿真出一个定位循环的恒星数据，将上述误差添加到仿真数据中，解算的测站点的天文坐标如图 7.12 所示。

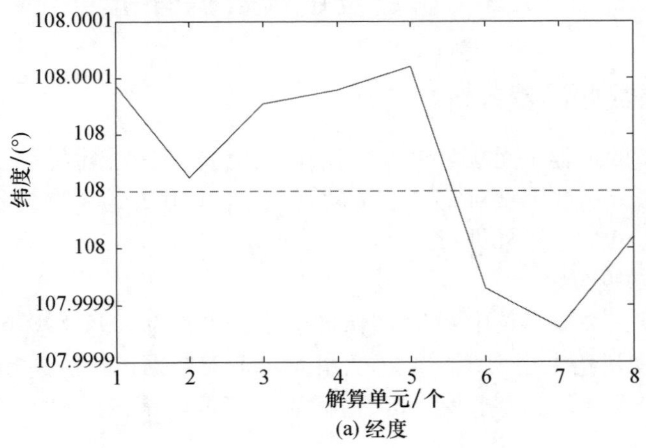

(a) 经度

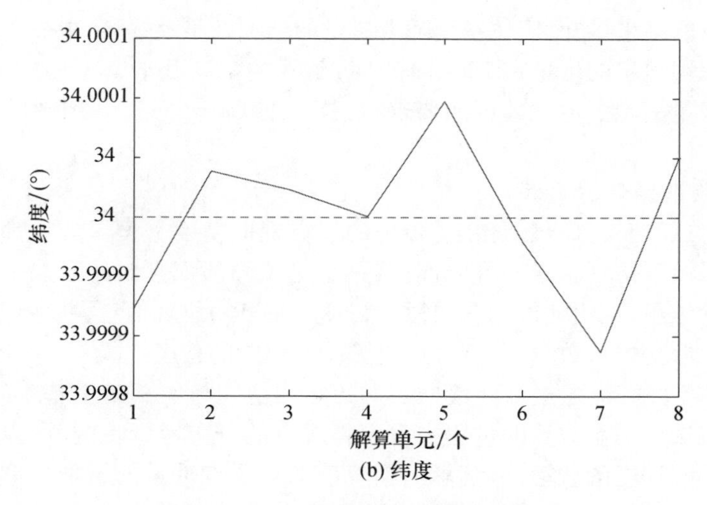

(b) 纬度

图 7.12　仿真数据的解算值

从仿真结果可以得出,解算经度的误差值最大可以达到 0.4″,纬度的误差值最大值也可以达到 0.4″。解算的经度精度为 0.297″,纬度精度为 0.304″。表明星点的提取误差将使测站点的解算值偏离真实值,即星点的提取精度将直接影响到最终的定位结果,因此必须提高星点的提取精度。

2）识别星量对定位结果的影响

仿真出含有不同星量的恒星数据,在仿真的恒星数据中加入误差。解算出在不同星量下测站点经度和纬度的精度值,拟合绘制出定位精度随恒星数量的变化曲线,如图 7.13 所示。

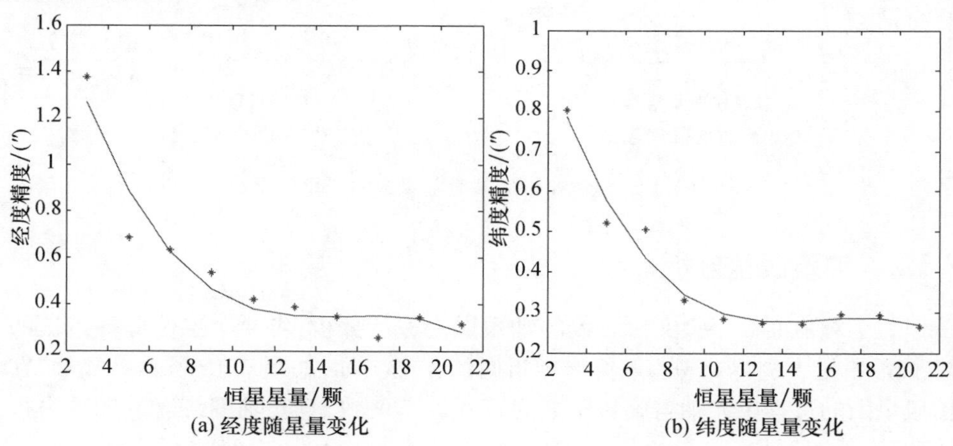

(a) 经度随星量变化　　(b) 纬度随星量变化

图 7.13　定位精度随星量变化曲线

从解算的结果可知,定位精度随着星量的增加在不断提高,最后稳定在 0.3″左右。当识别恒星的星量在 12~18 颗时,解算的精度基本就不再发生变化,此时恒星的数量满足了定位精度的要求,与德国的 Christian Hirt 所给的结论基本一致。

2. 试验数据分析

在进行试验时,CCD 图像传感器上的星点提取精度和恒星数量都是无法控制的。为了检验仿真结果的可靠性,从一个定位循环识别出的星点中随机选取给定数量的恒星,运用随机选取的恒星解算测站点的位置信息,并在识别恒星总数的范围内改变恒星数量,分别解算出测站点位置的精度。

如图 7.14 所示,通过试验数据获得的定位精度与仿真结果基本一致,但是由于在随机选取恒星数量的过程中没有将星点的分布考虑在内,所以解算的精度会出现不同程度的波动,但解算的精度值随着星点数量的增加总体呈现变高的趋势。在星量大于 14 颗时解算的精度值基本就处于稳定的状态,这与仿真得到的结果基本一致,这也表明了仿真结果的可信性。

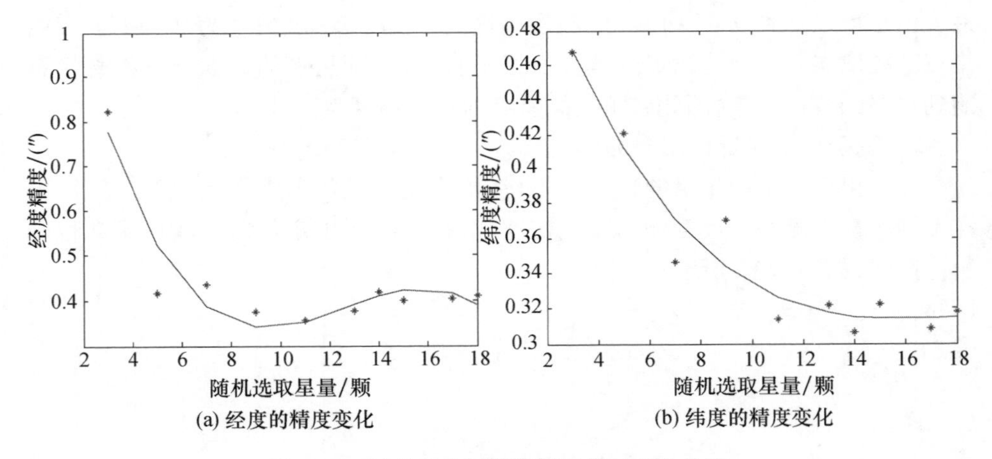

图 7.14 试验条件下精度随星量的变化曲线

7.5.2 轴系误差分析

为了对地面数字天文摄影仪的轴系误差进行分析,对两个定位循环拍摄的 32 幅恒星星图进行处理。解算光轴指向的天文坐标,如图 7.15 所示。显然,在拍摄星图的过程中光轴与旋转轴之间存在着不一致,且光轴围绕着旋转轴进行转动。

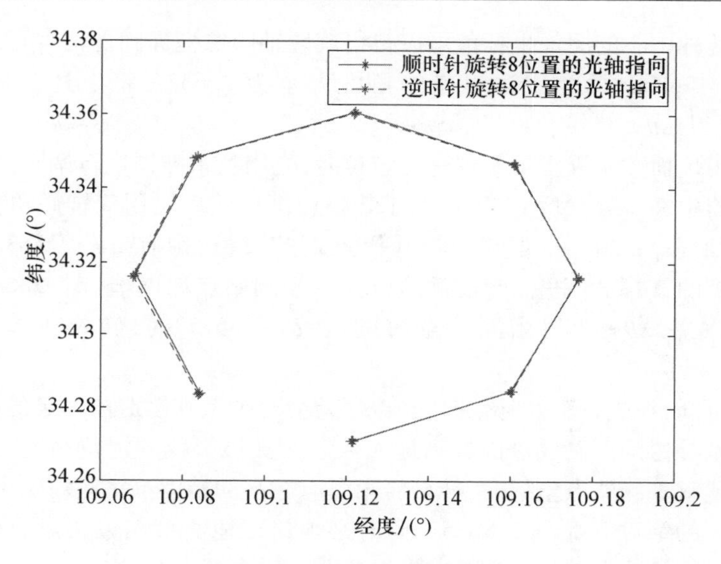

图7.15　光轴指向的天文坐标

以光轴中心为原点，解算旋转轴中心的图像坐标值，如表7.2所示。

表7.2　旋转轴中心的图像坐标

循环数	编号	旋转轴中心 x 坐标/pixel	旋转轴中心 y 坐标/pixel
工作循环1	1	40.973	3.908
	2	40.961	3.639
	3	41.260	3.862
	4	41.295	4.032
	5	40.884	4.126
	6	41.220	4.584
	7	41.137	4.172
	8	41.022	4.085
工作循环2	1	39.922	4.718
	2	40.212	4.451
	3	40.106	5.249
	4	39.642	4.977
	5	39.723	5.074
	6	40.254	5.445
	7	40.522	4.556
	8	40.131	4.434

由旋转轴中心的图像坐标值可以得出旋转轴图像坐标到光轴中心的距离值 Δl 要小于 45pixel，单个像素对应的角度大小为 2.637″，将上述条件代入式(7.24)，可得 $\Delta\theta \leqslant 35''$。

在运用地面数字天文摄影仪进行定位时，先用长水准器进行调平，保证气泡处于水准器中央，不超过水准器中的 1/2 格(10″)，然后运用双轴倾角仪进行精调平，所以有 $a_0 \leqslant 20''$，$b_0 \leqslant 20''$。将其代入式(7.24)，则有 $\Delta\theta < |583.4\cos\delta|''$。与上面得到的 $\Delta\theta \leqslant 35''$ 进行比较，可以得出：当测站点纬度值 $|\delta| \leqslant 86.5°$ 时，要保证转位误差 $\Delta\theta \leqslant 35''$；当测站点纬度值 $|\delta| \geqslant 86.5°$ 时，转位误差 $\Delta\theta$ 要小于 $|583.4\cos\delta|''$。

综上可知，在进行轴系补偿时，转位误差会对轴系补偿造成一定的影响。为了提高轴系补偿的准确性进而提高地面数字天文摄影仪的定位精度，必须保证在对称位置解算测站点坐标时，转台转角具有较高的精度。一般情况下，测站点位置的纬度的绝对值都小于 86.5°，此时必须保证地面数字天文摄影仪旋转至对称位置时的转位误差值在 35″以内。

参考文献

[1] 张辉，袁家虎，刘恩海，等．星敏感器姿态计算精度的仿真[J]．中国矿业大学学报，2008，37(1)：112－117.

[2] 王永胜，王宏力，刘洁梁，等．星敏感器误差模型及参数分析[J]．电光与控制，2014，21(2)：85－89.

[3] 邢飞，董瑛，董延鹏，等．星敏感器参数分析与自主校正[J]．清华大学学报(自然科学版)，2005，45(11)：1484－1488.

[4] SCHEOBEL R，WHEIN G，EISSFELLER B. Renaissance of astrogeodetic levelling using GPS/CCD zenith camera[C]. Proceeding of the IAIN World Congress in association with the US. ION ANNUAL MEETING. 2000：26－28.

[5] 刘先一，周召发，张志利，等．基于残差分析的星点筛选方法研究[J]．电光与控制，2015，22(10)：99－101.

[6] LIEBE C C. Accuracy performance of star trackers a tutorial[J]. IEEE Trans cation. on Aerospace and Electronics Systems，2002，38(2)：587－599.

[7] ABREU R. Stellar attitude determination accuracy with multiple star tracking advanced star tracker[J]. SPIE，1993，19(49)：216－227.

内 容 简 介

本书对星表简化方法进行了研究，分析了三角形星图识别算法的阈值，提出了一种基于方向矢量的星图识别方法；研究了共有星下基于恒星像点轨迹与新星筛选的星图识别方法；对恒星星点数据进行了筛选，改进了切平面投影定位方法，简化了定位解算的流程，建立与分析了倾角参数修正模型，并研究了基于球面三角形的定位算法；围绕地面数字天文摄影仪定向问题，研究了基于转换模型的天文定向方法，对原有的四参数转换模型进行了改进；为提高数字天文摄影仪的天文定位定向精度，对相关误差进行了分析、建模与补偿。

本书立意新颖，理论分析较为深入，适用于从事大地天文测量、测绘科学、地球科学、星图识别、数字图像处理、天文定位定向、精密仪器测量、信号与数据处理等方面研究的读者。

Introduction

In this book, the star catalog simplification method is studied, the threshold of triangle star identification algorithm is analyzed, and a star identification method based on direction vector is proposed. The star identification method based on star image point trajectory and new star screening under common stars is studied. The data of constant star points are filtered, the tangent plane projection positioning method is improved, and the process of location calculation is simplified. A correction model of inclination parameters is established and the positioning algorithm based on spherical triangle is studied. Focusing on the orientation problem of terrestrial digital astronomical camera, the astronomical orientation method based on transformation model is studied, and the original four parameter transformation model is improved. In order to improve the precision of astronomical positioning and orientation of digital astronomical camera, the correlation error is analyzed, modeled and compensated.

This book has novel topics and profound theoretical analysis. It is suitable for readers who are engaged in research on geodetic astronomy, surveying and mapping science, earth science, star identification, digital image processing, astronomical positioning and orientation method, precise instrument measurement, signal and data processing, etc.